PASTA FRESCA

파스타 프레스카

김낙영

카밀로 라자네리아, 서교난면방의 오너 셰프.

대학에서 실내건축학을 전공한 뒤 관련 분야에서 일하다 비교적 늦은 나이에 요리사의 길을 선택해 이탈리아로 유학을 떠났다. 이탈리아 요리 학교 ICIF(Italian Culinary Institute for Foreigners)에서 정규 과정을 수료한 후, 현지의 레스토랑에서 근무하며 파스타를 중심으로 한 이탈리아 요리 전반을 경험했다.

국내에서 생면 파스타가 지금처럼 주목받기 이전부터 카밀로 라자네리아에서 오랜 시간 생면 파스타를 중심으로 면의 반죽과 요리의 완성도를 다듬어 왔으며, 이후 서교난면방을 열어 한국 전통의 난면까지 작업의 범위를 확장했다.

앞으로도 면을 더 깊이 공부하고 연구하며, 그만의 색이 드러나는 편안한 파스타이자 따뜻한 국수 한 그릇으로 자연스럽게 이어질 수 있는 생면 요리를 계속해서 소개하는 것이 목표다.

Instagram. camillo_nakyoung_kim

PASTA FRESCA
파스타 프레스카

초판 1쇄 인쇄   2026년 3월 10일
초판 1쇄 발행   2026년 3월 30일

지은이 김낙영 | **펴낸이** 박윤선 | **발행처** (주)더테이블

기획 책임편집 박윤선 | **디자인** 김보라 | **사진** 박성영, 신동민 | **스타일링** 이화영
영업·마케팅 김남권, 문성빈 | **경영지원** 이정민, 김효선

주소 경기도 부천시 조마루로385번길 122 삼보테크노타워 2002호
홈페이지 www.icoxpublish.com | **쇼핑몰** www.baek2.kr (백두도서쇼핑몰) | **인스타그램** @thetable_book
이메일 thetable_book@naver.com | **전화** 032) 674-5685 | **팩스** 032) 676-5685
등록 2022년 8월 4일 제 386-2022-000050 호 | **ISBN** 979-11-92855-25-7 (13590)

＊ 이 책에서 사용하는 외래어는 국립국어원이 정한 외래어 표기법을 따르되, 일부 용어는 일반적으로 널리 통용되는 표기를 반영하였습니다.

집에서 즐기는 생면 파스타의 모든 것

PASTA FRESCA

파스타 프레스카

김낙영 지음

더 테이블
THE TABLE

PROLOGUE

2017년 서교동의 작은 골목에서 '카밀로 라자네리아'의 개업을 준비하던 때였습니다. 생면 파스타만 집중해서 선보이겠다는 저의 오랜 꿈을 드디어 펼칠 수 있는 기회가 왔다고 느꼈습니다. 당시만 해도 생면 파스타를 다루는 곳이 드물었고, 대중에게는 건면 파스타가 훨씬 익숙했기에 주위에 만류도 많았습니다. 다행히 시간이 지나 생면 파스타는 많은 이들에게 사랑받는 한 장르로 자리 잡았습니다.

수많은 이탈리아 요리 중에서 '생면 파스타'를 고집하게 된 것은 어쩌면 필연이었는지 모릅니다. 독일 유학 시절, 유럽을 여행하며 맛본 '탈리아텔레 알 라구'는 건축일을 하다 요리사의 길을 걷기로 결심했을 때 가장 먼저 떠오른 음식이었습니다. 요리 학교를 다니며 가장 관심 있게 배운 것도 결국 생면 반죽이었습니다. 이후 세르지오 오토베로 셰프와 함께한 시간은 생면 파스타를 더욱 깊이 이해하는 계기가 되었습니다.

이탈리아 요리의 거장, 마시모 보투라는 자신의 대표 메뉴인 라자냐를 소개하며 이런 말을 한 적이 있습니다. 어린 시절 할머니가 만들어준 라자냐의 바삭거리는 가장자리를 집어 먹던 추억이 영감을 주었다고요. 이처럼 이탈리아인에게 생면 파스타는 엄마의 손맛이 깃든 편안하고 일상적인 음식입니다. 이탈리아 요리책에서도 생면 파스타는 특별한 기술이 아닌, 자연스럽게 익히는 기본 조리 과정으로 다뤄집니다. 그래서인지 생면 파스타는 기계를 사용해서 면을 뽑는 것보다 손으로 반죽하고 밀대로 밀어 면을 만드는 것이 더욱 정겹고 정성스럽게 느껴집니다.

우리의 고조리서『신가요록』, 『음식디미방』에도 생면 파스타와 매우 비슷한 '난면'이 등장합니다. 달걀과 밀가루로 반죽해 얇게 민 국수를 삶아 고기 장국 또는 오미잣국에 넣어 말아 먹는 요리로 기록되어 있습니다. 평소 관심이 많았던 한국의 식재료와 저만의 이탈리아 조리 기술을 한식에 접목해 시도를 하였습니다. 이렇게 현대적으로 재해석한 우리밀 국숫집 '서교난면방'은 그 의미와 가치를 인정받아 미쉐린 가이드 서울 & 부산 2025-2026 빕 구르망에 선정이 되는 영광을 얻었습니다.

저는 앞으로도 이탈리아 요리사로 활동하며 '면'을 더 깊이 공부하고 연구하며 제가 가진 지식을 나누고 싶습니다. 제 레시피로 만든 음식이 여러분의 식탁에 친숙한 파스타이자 따뜻한 국수 한 그릇으로 편안하게 다가가기를 바랍니다.

끝으로 언제나 날카로운 조언과 격려를 아끼지 않는 친구 같은 아내와 카밀로 라자네리아를 함께하고 있는 그리고 첸토페르첸토, 카밀로 한남을 거쳐간 모든 동료 요리사들에게 깊은 감사를 전합니다.

2026년 3월
요리사 카밀로 **김낙영**

CONTENTS

03 생면 파스타 반죽

04 생면 파스타 제면과 성형의 기본 원리와 공정

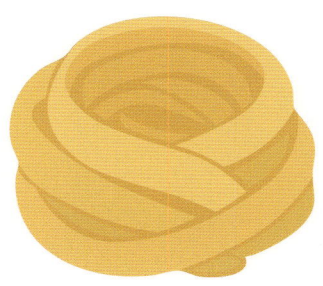

PSATA FRESCA

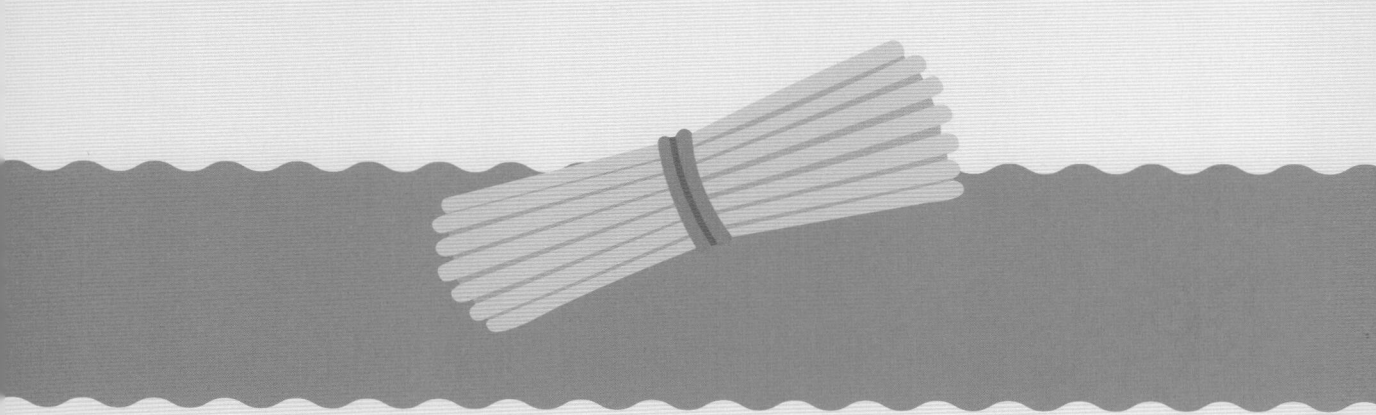

PSATA FRESCA

01

생면의
뿌리와
기준

01

이탈리아 생면 파스타
이야기

우리는 이탈리아의 대표적인 음식으로 피자와 파
스타를 떠올립니다. 또한 올리브오일, 토마토 소스,
스파게티, 모차렐라 치즈와 같은 식재료를 자연스
럽게 연상합니다. 그러나 아직까지 파스타 하면 건
면 파스타, 그중에서도 스파게티를 떠올리는 경우
가 일반적입니다. 파스타는 크게 건면 파스타와 생
면 파스타로 나뉘며, 생면 파스타 역시 건면 파스
타만큼이나 오랜 역사와 깊은 배경을 지니고 있습
니다.

파스타의 기원에 대해서는 여러 설이 존재하지만,
한 가지 분명한 사실은 파스타의 역사가 매우 오래
되었다는 점입니다. 이탈리아 파르마에 위치한 파
스타 박물관(Museo della Pasta)에 따르면, 기원
전 수세기 전부터 그리스인과 오늘날 토스카나 지
역을 중심으로 활동하던 에트루리아인들은 이미
초기 형태의 생면 파스타를 만들어 즐겨 먹었습니
다. 또한 기록에 의하면 이탈리아인들은 기원전 4
세기경부터 파스타를 만들어 먹기 시작했으며, 파
스타는 로마의 역사와 함께 발전해 왔다고 할 수
있습니다.

고대 로마인들은 물과 밀가루로 만든 간단한 반죽을 이용해 라가네(Lagane)라 불리는, 오늘날의 라자냐와 유사한 면 반죽 요리를 즐겼다고 전해집니다. 이 시대의 대표적인 미식가였던 아피키우스(Apicius)는 자신의 요리서에서 이러한 요리에 대해 언급하기도 했습니다. 더 나아가 1세기에는 마리노 코르노(Marino Corno)가 집필한『시칠리아식 마카로니와 베르미첼리 요리』에 파스타의 조리법이 기록되어, 문헌상 파스타 조리법의 존재가 확인됩니다.

한편 이탈리아 파스타가 중국에서 유래되었다는 설도 존재합니다. 중국에서는 기원전 3000년경 이미 국수 형태의 음식을 만들어 먹었다는 기록이 있으며, 마르코 폴로의『동방견문록』에는 그가 원나라 황제 쿠빌라이 칸의 궁정에서 파스타와 유사한 음식을 먹었다는 내용이 등장합니다. 이를 근거로, 마르코 폴로가 1295년경 이탈리아로 돌아올 때 파스타를 전했을 것이라는 추측도 제기됩니다.

이 모든 논의의 중심에는 '밀'의 재배와 확산이 자리하고 있습니다.『만두』(박정배 저, 14~17p)에서는 고고학적 발견을 통해 밀의 재배 시기와 전파 경로가 점차 명확해지고 있으며, 인류의 음식 문화, 특히 농경 문화의 역사가 지속적으로 앞당겨지고 있다고 설명합니다. 재배형 밀은 현재의 이란 동부 지역에서 신석기 시대부터 청동기 시대에 걸쳐 중부 유럽 전역으로 전파된 것으로 확인되며, 이 지역에서는 기원전 7000년경부터 밀 재배가 시작되었을 것으로 추정됩니다. 반면 중국에 밀이 전해진 시기는 재배형 밀이 탄생한 이후 수천 년이 지난 뒤로 알려져 있습니다. 한반도에서는 청동기 전기부터 역사 시대에 이르기까지 보통계밀이 출토되어, 이 시기부터 밀을 농경 작물로 재배했을 가능성이 제기됩니다.

이처럼 밀은 교역과 이동을 통해 전 세계로 확산되었고, 각 지역의 환경과 문화에 따라 밀로 만든 음식 또한 다양하게 발전했습니다. 이탈리아에서는 특히 경질밀과 연질밀이 기후와 지형에 따라 함께 발달하면서, 건면과 생면이 공존하는 독특한 면 문화가 형성되었습니다. 이러한 배경 속에서 오늘날의 파스타 문화가 자리 잡았다고 할 수 있습니다.

경질밀인 듀럼밀은 나폴리를 중심으로 한 남부 산악 지역에서 주로 재배되었습니다. 듀럼밀은 물만으로 반죽해도 구조가 잘 형성되기 때문에, 몰드를 통과시켜 압출하는 방식의 스파게티와 같은 건면 파스타가 발달했습니다. 이는 건조 후 장기 보관과 이동이 용이해 서민 음식으로 널리 퍼지며 발전했습니다.

반면 북부 평야 지역에서는 연질밀인 보통계밀이 널리 재배되었습니다. 연질밀은 글루텐 형성이 약해 달걀을 더한 반죽으로 보완되었고, 밀대나 두 개의 드럼으로 반죽을 압착해 만드는 생면 파스타로 발전했습니다. 이렇게 만들어진 얇고 넓은 반죽은 '스폴리아'라 불리며, 이를 잘라 면으로 만들거나 속을 채워 라비올리와 같은 다양한 충전형 파스타로 확장되었습니다. 특히 피에몬테주 랑게 지역에서는 달걀 노른자만을 사용해 반죽한 생면 파스타인 타야린이 지역의 대표적인 파스타로 자리 잡았습니다.

이탈리아 파스타는 지역에 따라 형태와 재료의 비율이 뚜렷하게 구분됩니다. 경질밀과 연질밀을 비롯해 메밀가루, 옥수수가루, 물과 달걀을 활용한 다양한 반죽법이 존재하며, 농축 토마토 페이스트, 오징어 먹물, 시금치와 같은 재료를 더해 색과 풍미를 확장하기도 합니다. 이탈리아인들의 파스타에 대한 애정은 여기서 그치지 않습니다. 파스타의 형태마다 고유한 이름이 붙여졌고, 파스타의 모양만을 연구하고 개발하는 전문 직업이 존재할 정도입니다. 이들의 파스타 문화는 과거에 머무르지 않고, 현재 진행형으로 계속 발전하며 다양한 미식의 형태로 제시되고 있습니다.

고조리서 속
우리 난면 이야기

앞서 살펴보았듯이 밀은 우리에게도 오랜 세월 함께해 온 중요하고 특별한 식재료입니다. 고조리서에 남아 있는 기록을 살펴보면, 달걀과 밀가루를 활용한 국수인 난면은 비교적 이른 시기부터 존재했음을 알 수 있습니다.

가장 이른 기록은 15세기 중반에 편찬된 『산가요록』에 등장하는 달걀면입니다. 달걀과 밀가루를 반죽해 얇게 밀어 국수를 만들고, 이를 삶아 고기 장국에 말아 먹는 방식으로 설명되어 있습니다. 17세기 무렵의 『음식디미방』에는 달걀 흰자를 모아 밀가루와 반죽한 뒤 국수처럼 삶아 기름진 꿩고기 국물에 말아 먹는 난면법이 기록되어 있습니다.

『규합총서』(1809년)에서는 달걀 노른자만 섞은 반죽을 머리카락처럼 가늘게 썰어 삶아 오미잣국에 쓰라고 하였고, 『정조지』(1827년 무렵)에는 달걀 흰자로 반죽해 얇은 국수 가락을 만들어 간장물에 끓여 먹는 방법이 소개되어 있습니다. 이후 『음식법』(1854년)과 『시의전서』(19세기 말)에도 유사한 난면 조리법이 반복해서 등장합니다. 특히 『음식법』은 시집가는 손녀를 위해 할머니가 쓴 책으로, 당시의 따뜻한 생활 정서가 고스란히 담겨 있다는 점에서 의미가 큽니다.

다만 이러한 기록들은 대부분 간략하게 남아 있어 조리 과정이나 세부적인 기준을 충분히 파악하기는 어렵습니다. 이는 과거의 기록이 부와 권력, 혹은 특별한 음식을 중심으로 남겨졌기 때문으로 볼 수 있습니다. 장류, 김치류, 주류, 구황식과 달리 일상적인 한식은 문서로 남기기보다는 구전과 직접적인 전수를 통해 이어져 온 경우가 많았고,

난면 역시 이러한 흐름 속에 놓여 있었다고 생각할 수 있습니다. 기록에 남은 레시피의 빈 공간은, 전승과 경험을 통해 보완되어 온 한식의 특성으로 이해하는 것이 타당합니다.

이처럼 밀의 재배와 유통, 그리고 교류를 바탕으로 국수 문화는 동서양을 넘나들며 함께 발전해 왔습니다. 이러한 맥락에서 바라보면, 우리가 이탈리아 파스타를 유독 익숙하게 느끼고 자연스럽게 받아들이는 것 또한 결코 우연은 아니라고 생각하게 됩니다. 어쩌면 우리 역시 오래전부터 '면'을 중심으로 한 식문화를 공유해 온 민족이었을지도 모릅니다.

고조리서에 기록된 난면의 조리법은 명확하지 않은 부분이 많지만, 이탈리아의 생면 파스타를 오랫동안 연구하고 직접 만들어 오면서 난면과 생면 파스타의 기본적인 원리와 제면 방식이 크게 다르지 않다는 결론에 이르렀습니다. 이러한 이해를 바탕으로 2024년, 서교난면방에서는 현대적인 기술을 적용해 난면을 새롭게 만들기 시작했습니다. 여기에 한식의 뿌리를 둔 육수와 절제된 고명을 더해, 고조리서 속 우리의 난면을 오늘의 언어이자 미래의 맛으로 제시하고자 합니다.

생면과 건면의 차이와
구조적 이해

지역성

생면의 중심지로 알려진 북부 이탈리아는 에밀리아로마냐를 축으로 피에몬테와 밀라노 일대까지 이어지는 지역입니다. 이 지역은 비교적 비옥한 평야와 활발한 가축사육 환경을 갖추고 있었으며, 도시는 부유한 편이었습니다. 습도가 높은 기후 특성상 면을 장기간 건조하기 어려웠기 때문에, 그때그때 만들어 먹는 생면 문화가 자연스럽게 발전했을 가능성이 큽니다.

반면, 건면의 발상지로 불리는 남부 이탈리아의 캄파니아, 시칠리아, 나폴리 지역은 덥고 건조한 지중해성 기후와 강한 바람, 산악 지형이 특징입니다. 이 환경에서는 경질밀인 듀럼밀 재배가 유리했으며, 공업과 상업이 덜 발달한 지역적 여건 속에서 달걀 대신 물과 듀럼밀만으로 반죽한 면을 대량으로 만들어 건조·유통하고 소비하는 문화가 형성되었다고 알려져 있습니다.

기술과 구조

재료의 차이는 곧 면의 구조적 차이로 이어집니다. 건면의 주재료인 듀럼밀은 경질밀로, 글루텐 함량과 점성이 높아 물 반죽만으로도 충분한 구조를 형성할 수 있습니다. 이 반죽을 강한 압력으로 동 몰드에 사출해 건조하면, 조리 후 단단한 식감과 견고한 구조의 면이 완성됩니다. 이로 인해 알덴테(al dente, 파스타를 삶았을 때 겉은 익고 속 중심은 씹었을 때 단단하게 느껴지는 상태) 식감이 뚜렷하게 나타납니다.

또한 사출과 건조 과정에서 면 표면에 미세한 비늘 형태의 거친 조직이 형성되는데, 이는 소스가 면 표면에 잘 달라붙도록 돕습니다. 이러한 특성은 외부 코팅이 강조되는 파스타 요리에 유리하게 작용합니다. 다만 지역에 따라 손반죽 후 바로 조리하는 파스타의 경우, 건면과는 다른 구조감을 보이기도 합니다.

생면의 주재료인 연질밀은 글루텐 구조가 상대적으로 약해 달걀 단백질을 보강해 구조를 형성하는 다공성 면입니다. 생면의 구조는 반죽을 치대는 과정, 휴지 과정, 롤러로 펴는 과정을 거치며 완성됩니다. 다공성 구조의 한계는 다음의 두 과정에서 어느 정도의 보완이 가능합니다. 첫째, 반죽 단계에서 충분한 밀도로 치대는 과정입니다. 둘째, 휴지 과정에서 진공 포장기 등을 활용해 반죽을 압축하는 방식입니다. 여기에 제면 과정에서의 폴딩을 통해 구조를 추가로 보완할 수 있습니다. 이러한 과정을 거친 뒤 제면과 성형을 통해 다양한 형태로 가공하고, 면의 특성에 맞는 소스를 설계할 수 있습니다.

지역에 따라 연질밀과 듀럼밀을 혼합해 사용하기도 하며, 이는 달걀과 물을 함께 사용하는 방식으로 확장됩니다. 또한 곡물이나 견과류 가루를 첨가해 새로운 면을 만들 수 있고, 색과 향, 맛을 위한 비곡물 재료 역시 활용할 수 있습니다. 다만 부재료의 비율이 높아질수록 구조력은 약해지므로, 물과 달걀, 첨가물의 비율을 계획된 구조에 맞게 조절해야 합니다.

조리와 소스 생면은 다공성 구조를 지녀 수분과 지방, 소스를 잘 흡수합니다. 이 특성은 버터 베이스 소스, 크림, 트러플, 라구처럼 비교적 무겁거나 향이 강한 소스와의 결합에 유리합니다. 반면 수분 흡수가 쉽기 때문에 조리 시 시간과 온도 관리가 중요합니다.

저의 경우 기본적으로 생면을 0.5% 농도의 소금물에서 끓는 상태로 1분~1분 30초(탈리올리니 기준) 조리합니다. 이는 이후 소스와의 융화 과정에서 열 전달이 마무리된다는 점을 고려한 시간입니다. 조리 후 바로 섭취할 경우에는 2분~2분 20초까지도 고려할 수 있습니다. 조리 시간은 면의 두께와 너비, 즉 단면적과 직접적으로 연관됩니다. 과도한 조리는 열로 팽창한 전분이 단백질 구조를 파괴해 퍼진 식감을 만듭니다.

차가운 면으로 제공할 경우에는 탈리올리니 기준 4분~5분 조리한 뒤 즉시 5℃의 찬물에 헹굽니다. 이를 통해 전분이 노화되기 전에 팽창을 멈추고, 글루텐 구조를 어느 정도 유지할 수 있습니다. 면은 반드시 물이 끓는 상태에서 투입합니다. 이 과정에서 단백질이 먼저 응고되며 전분의 유출이 줄어들어 면의 형태가 안정됩니다. 소금물 속 염화 나트륨은 단백질의 결합력을 높이고 전분의 호화 속도를 조절해 구조 형성의 안정성을 높입니다.

건면은 전분 함량이 높고, 표면의 거친 조직과 조리 과정에서 형성되는 전분막으로 인해 가벼운 토마토 소스, 오일 베이스, 해산물 소스와 좋은 궁합을 보입니다. 반면 생면은 전분 함량은 낮지만 다공성 구조 자체가 소스를 흡수하는 데 도움을 주기 때문에 크림이나 묵직한 소스와 잘 어울립니다.

수분율

반죽의 가수분율은 면의 탄성과 반발력에 직접적인 영향을 미칩니다. 수분율이 낮을수록 더 큰 물리적 힘이 필요하지만 단단한 식감과 저항감을 얻을 수 있으며, 수분율이 높을수록 글루텐 구조는 다소 유연해집니다.

건면의 경우 수분이 과도하면 사출 시 충분한 압력을 유지하기 어렵고, 낮은 온도와 압력으로 제면되어 투명하고 강도가 높은 구조를 얻기 어렵습니다. 반대로 수분이 부족하면 결착력이 떨어져 제면 자체가 어려워집니다. 생면 역시 일정 수준 이상의 수분이 필요하지만, 수분을 최소화하면 밀도를 높여 건면에 가까운 반발력을 얻을 수 있습니다. 다만 손으로 시트를 펴는 작업은 난이도가 크게 높아집니다.

손반죽 기준으로는 밀가루 100g당 56g~60g의 수분율이 적절합니다. 이 기준에서 수분율을 낮출수록 반죽과 제면 과정에 더 강한 압력이 필요하며, 이는 강력한 반죽기와 진공 포장기, 높은 압력을 낼 수 있는 전동 제면기가 필요한 이유가 됩니다.

폴딩과 레이어

생면 반죽은 롤러를 사용해 시트를 만든 뒤 폴딩 과정을 거칩니다. 손으로 작업할 경우 폴딩은 까다롭지만, 기계를 사용할 경우 비교적 용이합니다. 폴딩은 면의 반발력을 높이는 데 효과적이지만, 접는 횟수가 핵심입니다.

저는 최소 3회에서 최대 5회의 폴딩을 기준으로 작업합니다. 폴딩 횟수가 늘어날수록 면의 탄력은 강해지지만, 지나치면 오히려 늘어나는 힘은 약해질 수 있습니다. 예를 들어 1mm 두께로 한 번만 밀어 편 면은 기본적인 탄력을 가지지만, 이를 접고 다시 밀어 편 면은 반죽 안에 층이 생기면서 조직이 더욱 촘촘해지고 삶았을 때 씹는 힘이 분명해집니다. 그러나 글루텐이 늘어나는 힘의 한계를 넘을 경우 구조가 무너져 푸석한 식감이 됩니다. 또한 반죽이 과도한 스트레스를 받을 경우 색이 아이보리색으로 변하며, 이때는 반죽을 진공 포장한 후 냉장 휴지를 통해 회복을 시도할 수 있습니다.

이러한 특성을 고려해 밀가루와 곡물 가루를 선택하고, 결착력을 보완할지 특성대로 활용할지를 결정합니다. 이어서 휴지 방식과 제면 도구를 계획하면 원하는 스타일의 면을 구현할 수 있습니다. 결국 모든 선택은 '어떤 면을 만들 것인가'라는 질문에서 출발해야 합니다.

손반죽과 머신

앞선 내용을 종합하면 손반죽, 가정용 머신, 업소용 장비에 따라 얻을 수 있는 면의 특성은 분명히 달라집니다. 손반죽은 부드러운 질감을, 출력이 높은 머신은 낮은 수분율과 높은 압력을 통해 더 단단한 구조의 면을 가능하게 합니다. 면의 구조적 단단함은 작업 방식에 따라 단계적으로 달라집니다.

생면 파스타의 규격

생면 파스타 반죽에서 물이나 달걀의 사용량은 밀가루의 종류와 사용 목적, 완성하고자 하는 파스타의 특성에 따라 달라집니다. 또한 손반죽인지, 기계 반죽인지, 혹은 특정 도구를 사용하는지에 따라서도 반죽의 수분 비율과 질감은 달라질 수 있습니다.

또한 파스타 반죽에는 다양한 재료를 더해 풍미와 색, 구조를 조절할 수 있습니다. 치즈, 초콜릿, 샤프란 등은 밀가루의 일부를 대체해 사용할 수 있으며, 오징어 먹물, 토마토, 허브류는 물이나 달걀의 일부를 대신해 반죽에 활용합니다.

채소를 반죽에 사용하는 경우에는 재료의 형태와 수분 함량을 고려해야 합니다. 당근, 비트, 시금치와 같은 채소는 퓌레 형태로 준비하며, 섬유질이 강한 재료는 잘 으깨 사용합니다. 이러한 전처리 과정은 반죽의 균질성과 제면 안정성을 높이는 데 중요합니다.

❶ 일반적인 생면 파스타 반죽의 구성비

* 밀가루 1kg 기준
* 달걀(전란)은 특란(60~68g) 기준
  → 아래의 표에서 전란은 60g, 노른자는 20g, 흰자는 40g으로 계산함

Ⓐ 밀가루 100%

구분	구성	수분·염	반죽 총량	용도
❶	전란 0개	물 380g / 소금 15g	약 1,395g	체리올레, 라자네떼, 피카지, 탈리아텔레
❷	전란 4개	물 280g / 소금 15g	약 1,535g	아뇰로티, 라자네, 소를 채운 파스타, 탈리아텔레
❸	전란 9개	물 없음 / 소금 15g	약 1,555g	말탈리아티, 탈리아텔레, 라비올리, 토르텔리, 라자네
❹	전란 4개 + 노른자 30개	물 없음 / 소금 15g	약 1,855g	소를 채운 전통적인 파스타

B 밀가루 50% + 듀럼밀 50%

구분	구성	수분·염	반죽 총량	용도
❶	전란 0개	물 340g / 소금 15g	약 1,355g	카바텔리, 라자녜, 스트링고치, 탈리아텔레
❷	전란 4개	물 240g / 소금 15g	약 1,495g	라자녜, 탈리아텔레, 모던 파스타
❸	전란 9개	물 없음 / 소금 15g	약 1,555g	북부 스타일 가르가넬리, 자르는 형태의 소를 채운 파스타
❹	전란 4개 + 노른자 30개	노른자 1개 / 소금 15g	약 1,875g	소를 채운 전통적인 파스타

C 듀럼밀 100%

구분	구성	수분·염	반죽 총량	용도
❶	전란 0개	물 300g / 소금 15g	약 1,315g	롱 파스타, 지중해식·리구리아식 숏 파스타
❷	전란 4개	물 200g / 소금 15g	약 1,455g	지중해식 소를 채운 길거나 짧은 파스타
❸	전란 9개	흰자 1개 / 소금 15g	약 1,595g	바늘 공정 마케로니

D 밀가루 60~70% + 기타 곡물가루(메밀가루, 밤가루, 옥수수가루 등) 30~40%

구분	구성	수분·염	반죽 총량	용도
❶	전란 0개	물 360g / 소금 15g	약 1,375g	코르제티, 피카지, 피초케리, 탈리아텔레
❷	전란 4개	물 260g / 소금 15g	약 1,515g	블랙 비골리, 라자녜, 탈리아텔레, 말탈리아티

 공통사항

A, B, C 반죽에 채소를 첨가할 때는 채소를 삶거나 찐 뒤 충분히 물기를 제거하고 갈거나 으깨 반죽에 사용합니다. 채소의 사용량은 밀가루 1kg 기준 400g이며, 소금은 15g입니다. 이 반죽은 라자녜, 탈리아텔레, 소를 채운 파스타와 소를 채우지 않은 파스타에 모두 활용할 수 있습니다.

생면 파스타의 형태와 규격 분류

생면 이름	이탈리아어	사용 가능한 반죽	규격 (mm)	단면·형태	지역
비골리	Bigoli	A①②, B①②	Ø2.5~4 × 250~300	원형	롬바르디아~베네토
부드러운 비골리	Bigoli mori	D①②	Ø2.5~4 × 250~300	원형	베네토
카펠리니	Capellini	A②③	Ø1~1.5 × 200~350	가는 원형	북부 이탈리아
치우폴리띠	Ciufolitti	B①②, C①②	Ø2~3 × 200~250	세미 튜브형 긴면	아브루초
페투체	Fettucce	A②③, B②③	2 × 8~10 × 200~300	직사각·납작한 긴면	라치오
페투치네	Fettuccine	A②③, B②③	2 × 4~8 × 200~300	직사각·납작한 긴면	라치오
라자녜	Lasagne	A②③, B②③, D②③	2~3 × 150~250	직사각· 넓고 평평한 면	중부~북부
라자녜떼	Lasagnette	A②③, B②③, D②③	2~3 × 80~150	직사각· 넓고 평평한 면	중부~북부
마케론치니	Maccheroncini	A②③, B②③, C②③	1 × 1 × 250~300	정사각·납작한 긴면	마르케
마케로니 알라 기타라	Maccheroni alla chitarra	B②③, C②③	2 × 2 × 250~300	정사각·납작한 긴면	아브루초
마케로니 알라 몰리나라	Maccheroni alla molinara	B①②, C①②	Ø3~10 × 100~250	큰 튜브형	아브루초
마케로니 디 보비오	Maccheroni di Bobbio	A③, B③	1.5~3 × 8~10 × 200	납작한 긴면	리구리아
팔리아 에 피에노	Paglia e fieno	A②③, B②③	1.5~3 × 250~300	사각·납작한 면	중부~북부
파파르델레	Pappardelle	A②③, B②③, D②③	2 × 15~35 × 150~250	사각·납작한 면	토스카나
파피치	Pappicci	A①, B①	3 × 8~10 × 200~250	사각·납작한 면	아브루초
피치 에 핀치	Pici e Pinci	A①, B①	Ø4~5 × 300~400	원형	움브리아~토스카나
스트링고찌 또는 체리올레	Stringozzi o Ceriole	A①, B①	3 × 5 × 250~300	납작한 긴면	움브리아

라자냐, 라자녜, 라자녜떼

※ '라자냐'는 넓고 평평한 사각형의 파스타 면을 뜻하고, '라자녜'는 이를 겹겹이 쌓아 층층이 소스와 함께 조리한 요리를 말합니다. 그리고 이 라자녜를 작게 자른 것을 '라자녜떼'라고 합니다.

LASAGNA ────→ LASAGNE ────→ LASAGNETTE

라자냐
(단수)

라자녜
(복수)

라자녜떼

❷ 긴 형태의 생면 파스타

긴 형태의 생면 파스타는 마따렐로, 린트로칠로, 칼, 토르끼오, 레레또, 로뗄라, 세타치오, 기타라 등과 같은 다양한 수제 파스타 도구를 사용해 만들 수 있습니다. 또한 자동 제면기나 수동 제면기를 활용할 수도 있으며, 최근에는 사출 방식의 소형 제면기를 이용한 제작도 가능합니다.

이러한 파스타의 형태와 명칭은 행정 구역상 지방 단위나 지리적 지역에 따라 달라질 수 있습니다.

사용 가능한 반죽

Ⓐ❶❷, Ⓑ❶❷

이 표의 '사용 가능한 반죽'은 24-25p A, B, C, D 표를 참고해 해석합니다.

비골리를 예를 들면, 24p Ⓐ 표의 ❶번과 ❷번 반죽, 25p Ⓑ 표의 ❶번과 ❷번 반죽을 사용할 수 있다는 뜻입니다.

PSATA FRESCA

O2

재료와
도구

01

재료

❶ 밀

① 연질밀

연질밀은 대부분의 제과와 제빵, 면을 만드는 데 사용되는 밀가루의 기본 재료입니다. 밀단백질 함량에 따라 강력분, 중력분, 박력분으로 구분되며, 면을 만들 때에는 주로 강력분과 중력분을 사용합니다. 이탈리아에서는 생면 파스타 반죽의 결합력과 구조를 보완하기 위해 달걀을 첨가하는 방식이 일반적입니다.

② 경질밀

경질밀은 주로 스파게티와 같은 건면 파스타를 만드는 데 사용되며, 세몰라 또는 세몰라 리마치나타 형태로 유통됩니다. 이탈리아에서는 경질밀을 단독으로 사용하기도 하지만, 피자나 빵, 생면 파스타를 만들 때 연질밀과 배합해 사용하는 경우도 많습니다.

③ 메밀

메밀은 이탈리아에서 단독으로 사용되기보다는 연질밀과 배합해 생면 파스타를 만드는 데 활용됩니다. 특히 이탈리아 북부 알토아디제 지역에는 메밀을 활용한 전통적인 레시피가 존재하며, 이러한 방식은 북부 지역 전반에서 널리 사용되고 있습니다.

❷ 달걀

일반적으로 캐로틴 성분이 풍부한 사료를 섭취하거나 방사 사육된 산란계에서 얻은 달걀의 노른자는 짙은 주황색을 띠며, 이를 사용할 경우 반죽의 색을 더욱 진한 노란색으로 표현하는 데 유리합니다. 국내 시장에서 유통되는 영양란이 이에 해당하는 경우가 많으나, 계절과 사육 방식, 농가에 따라 노른자 색에는 차이가 있을 수 있습니다.

산란계에서 생산되는 달걀은 초란, 소란, 중란, 대란, 특란, 왕란의 순서로 크기가 구분됩니다. 이는 산란계의 산란 횟수가 증가함에 따라 달걀의 크기가 점차 커지기 때문으로 알려져 있습니다. 생면 파스타를 만들 때에는 반죽의 안정성과 수분 조절을 고려해, 일반적으로 특란(약 60~68g) 이하의 달걀을 사용하는 것이 적합합니다.

상업적으로는 달걀을 흰자와 노른자로 분리해 살균 처리한 난황액과 난백액, 또는 이를 혼합한 전란액 형태의 팩 제품도 유통되고 있습니다. 이러한 제품을 사용할 경우에는 반드시 디저트용으로 가당 처리되지 않은 제품인지 확인한 뒤 사용해야 합니다.

지역에 따라 달걀 사용 방식에도 차이가 있습니다. 베네토 지방에서는 달걀 대신 오리알을 사용해 반죽하는 비골리 생면 파스타가 전해지며, 피에몬테주에서는 노른자만으로 반죽하는 타야린이 대표적인 예로 알려져 있습니다. 이탈리아 생면 파스타 박물관의 기록에 따르면, 오래전부터 밀가루 반죽의 연성이 부족한 부분을 보완하기 위해 달걀을 첨가해 반죽과 제면의 안정성을 높여 왔다고 전해집니다. 이러한 맥락에서 달걀은 생면 파스타 반죽에서 결착력을 강화하고, 품질과 풍미를 동시에 끌어올리는 중요한 재료라고 할 수 있습니다.

이 책에서 사용한 재료들

이 책의 작업 과정에서 실제로 사용한 가루 재료들을 소개합니다. 독자들이 재료 선택의 기준을 이해하는 데 도움을 주기 위한 것으로, 반드시 동일한 브랜드의 제품을 사용할 필요는 없습니다. 재료의 원물이 같고 특성이 유사하다면, 다른 브랜드의 제품을 사용해도 무방합니다. 각자의 환경과 접근성에 맞춰 재료를 선택하시기 바랍니다.

강력분, 중력분 (곰표)

세몰라 (카푸토)

메밀가루 (ORGA)

쌀가루 (안심곳간)

현미쌀가루 (안심곳간)

감자전분 (곰곰)

타피오카 전분 (알티스트)

우리밀 백밀가루 (네니아)

O2

도구

❶ 반죽 도구

가정용 믹서(키친에이드, 캔우드 등)는 가정에서 소량의 생면 파스타 반죽을 만들기 위한 최선의 선택입니다. 가정용 전기 용량에서도 반죽에 충분한 힘을 전달할 수 있는 모터 성능을 갖추고 있으며, 별도로 구입 가능한 파스타 툴을 사용하면 손반죽에 비해 훨씬 수월하게 반죽을 제면할 수 있습니다. 또한 손반죽보다 수분율, 즉 달걀 첨가량을 낮게 설정할 수 있어 면의 탄성을 더욱 또렷하게 표현할 수 있습니다.

준업소용 믹서(스파)는 가정과 소규모 업장에서 모두 활용할 수 있는 모델입니다. 가정용 믹서보다 더 강력한 모터와 큰 용량의 믹싱 볼을 갖추고 있어 키친에이드보다 한층 낮은 수분율의 반죽이 가능합니다. 다만 파스타 툴이 별도로 제공되지 않기 때문에, 전동 제면기를 추가로 구입해 사용해야 하는 단점이 있습니다.

한편, 믹서가 없더라도 생면 파스타를 만드는 데에는 큰 제약이 없습니다. 밀가루 100g에 달걀 1개(60~68g) 분량의 비교적 높은 수분율로 반죽하면 손반죽 후 밀대를 이용해 제면할 수 있습니다. 이러한 접근성 또한 생면 파스타가 지닌 중요한 매력 중 하나입니다.

페투치네 커터

스파게티 커터

파스타 롤러

두께 조절 다이얼

**파스타 롤러로 반죽의 두께를
조절하는 모습**

(반죽 두께 0.3~2mm로 조절 가능)

스파게티 커터로 제면한 모습

(반죽 너비 1.5mm로 완성)

페투치네 커터로 제면한 모습

(반죽 너비 6mm로 완성)

❷ 제면 & 성형 도구

키친에이드 믹서에 장착해 사용할 수 있는 파스타 툴은 파스타 롤러, 스파게티 커터, 페투치네 커터 세 가지가 있습니다. (최근에는 하나의 툴 안에 이 세 가지 기능이 포함된 3 in 1 제품도 쉽게 구매하실 수 있습니다.) 파스타 롤러는 1단계부터 10단계까지 두께를 조절할 수 있어 원하는 두께로 제면이 가능합니다. 이렇게 두께를 조절한 반죽은 스파게티 커터(너비 1.5mm로 완성)나 페투치네 커터(너비 6mm로 완성)로 제면해 요리에 사용합니다.

업장에서 일반적으로 사용하는 제면기는 시터라 불리는 롤 제면기로, 기본 원리는 가정용 롤러와 동일합니다. 다만 사용하는 전기 용량과 모터의 종류, 시터의 너비가 모델마다 다르며, 모터의 힘이 강할수록 수분율을 낮춘 반죽도 안정적으로 제면할 수 있습니다. 커터는 탈리아텔리니와 탈리아텔레를 기본으로, 파파르델레처럼 폭이 넓은 면을 위한 커터까지 다양하게 구성됩니다.

한편, 특별한 장비가 없더라도 칼과 손만 있으면 생면 파스타와 여러 형태의 라비올리를 충분히 만들 수 있습니다. 이러한 유연함 또한 생면 파스타가 지닌 중요한 특징입니다.

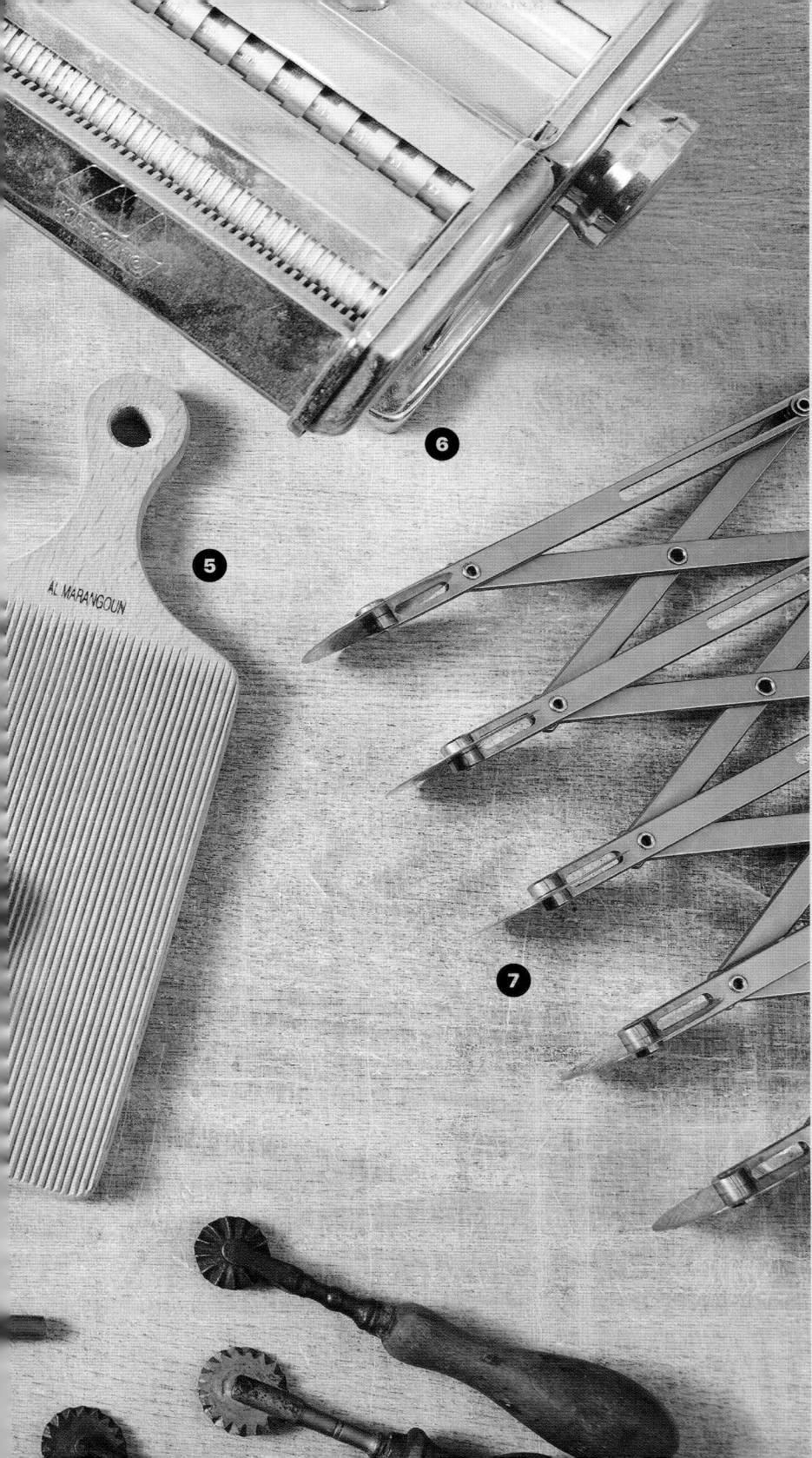

❶ 패턴 밀대
표면에 새겨진 문양을 반죽에 찍어내는 도구로, 파스타나 제과 반죽에 장식적인 무늬를 더할 때 사용합니다.

❷ 밀대
반죽을 고르게 밀어 두께를 조절하는 기본 도구로, 제면기가 없을 때 대체해 사용할 수 있습니다.

❸ 라비올리 커터
휠 형태의 날로 반죽을 자르며, 모양을 내는 동시에 가장자리를 눌러 라비올리를 접합하는 도구로, 주로 소를 채운 라비올리를 성형할 때 사용합니다.

❹ 라비올리 스템프
소를 올린 반죽 위에 반죽을 덮은 뒤 눌러 찍어, 모양을 내면서 가장자리를 압착해 라비올리를 성형하는 도구입니다.

❺ 생면 성형 보드
반죽을 눌러 굴리거나 말아 성형할 때 사용하는 도구로, 표면에 홈이나 무늬를 만들어 형태를 잡는 데 활용합니다. 감자 뇨끼를 비롯한 다양한 뇨끼를 성형할 때 사용하며, 가르가넬리처럼 튜브형 숏파스타를 만들 때도 표면에 규칙적인 무늬를 남길 수 있습니다. '뇨끼 보드' 또는 '가르가넬리 보드'로 검색하면 쉽게 구할 수 있습니다.

❻ 수동 파스타 머신
소규모 업장 또는 가정에서 손쉽게 반죽을 커팅하거나 제면할 수 있는 도구입니다.

❼ 멀티 휠 도우 커터
여러 개의 날이 연결된 구조의 도구로, 반죽을 일정한 폭으로 정확하게 재단할 때 사용합니다.

PSATA FRESCA

O3

생면
파스타
반죽

dough

01

달걀 생면 반죽

이탈리아에는 '진짜 생면 파스타는 오직 밀가루와 달걀로만 만든다'라는 말이 있습니다. 여러 해석이 가능하지만 그만큼 이 두 가지 재료가 생면 파스타의 본질임을 강조하는 표현으로 이해할 수 있습니다. 가장 기본적인 반죽을 가장 완성도 높게 구현하는 일이야말로 생면 파스타의 시작이자 끝입니다.

달걀 생면 반죽은 가장 쉽게 시작할 수 있지만, 완성도의 관점에서는 끝이 없는 어려움을 지닌 반죽입니다. 여러 번의 시도를 거치며 반죽의 질감과 상태를 반복적으로 확인하고, 점차 완성도 있는 결과에 가까워지도록 집중해야 합니다.

이 책에서 소개하는 재료는 주변에서 가장 손쉽게 구할 수 있는 것을 기준으로 선정했습니다. 더 좋은 재료를 사용하는 일은 언제든 가능하지만, 가장 보통의 재료로 가장 완성도 있는 결과를 만들어 내는 것이 기본기 훈련의 핵심이기 때문입니다.

ingredients (약 4인 분량)

강력분	200g
중력분	200g
소금	10g
달걀	3개 (약 195g)
노른자	1개 (약 20g)

* 손으로 반죽하는 경우 위의 배합에서 노른자를 생략하고 달걀을 1개 더 늘려 줍니다.

1. 믹싱볼에 체 친 강력분과 중력분, 소금을 넣고 저속으로 가볍게 섞습니다.

2. 달걀과 노른자를 넣고 저속으로 약 3분간 섞습니다.

3. 재료가 고르게 섞이면 중속으로 약 4분간 반죽합니다.

❹ 반죽을 작업대로 옮겨 손으로 치대 한 덩어리가 되도록 만듭니다.

❺ 한 덩어리가 되면 랩으로 단단히 감싸거나 진공 포장해 실온에서 2시간
휴지시킨 후 사용합니다.

 만든 당일 반죽 전량을 사용할 것이 아니라면, 진공 포장해 냉장고에서 12시간 숙성시켜줍
니다. 사용 시 1시간 전에 실온에 꺼내 두어 냉기를 뺀 후 작업합니다. 이렇게 하면 냉장고에
보관하며 3~4일간 사용할 수 있습니다.

▨ 완성된 반죽은 제면기, 밀대, 파스타
툴 또는 손으로 성형해 사용합니다.

dough
02

듀럼밀 생면 반죽

이탈리아 중부와 남부 지역에서 폭넓게 사용되는 듀럼밀 반죽은 기본적으로 물로 반죽합니다. 물론 경우에 따라 물과 달걀을 함께 사용하거나, 일반 밀가루를 일부 혼합하기도 합니다. 듀럼밀은 단백질 함량이 높아 비교적 단단한 반죽이 형성되므로, 물을 조금씩 더하며 고르게 섞고 충분히 치대는 과정이 중요합니다.

휴지가 끝난 반죽은 표면이 고르고, 애기 귓볼처럼 매끈하면서도 부드러운 상태가 되어야 합니다.

ingredients (약 4인 분량)

세몰라 (카푸토)	400g
소금	15g
따뜻한 물	220g

* 가정용 믹서로 반죽하거나 손으로 반죽하는 경우 모두 사용할 수 있는 배합입니다.

❶ 볼에 체 친 세몰라, 소금, 따뜻한 물(약 35~45℃) 일부를 넣습니다.

❷ 손으로 치대듯 섞습니다.

 여기에서는 손반죽으로 작업했지만 믹서기로 작업해도 무방합니다.

• 물은 한 번에 다 넣지 않고 일부를 남겨둔 후 반죽의 상태를 확인하며 추가하는 것이 좋습니다.

• 따뜻한 물을 사용하는 이유는 수화를 빠르게 진행시키고 글루텐 형성을 돕는 동시에, 보다 부드러운 반죽 상태로 만들기 쉽기 때문입니다.

❸ 남은 물을 조금씩 넣어가며 반죽합니다.

❹ 반죽을 한 덩어리로 만듭니다.

❺ 한 덩어리가 되면 랩으로 단단히 감싸거나 진공 포장해 실온에서 1시간 휴지시킨 후 사용합니다. 지금은 반죽이 매끈해 보이지 않더라도, 휴지 과정 동안 수분이 고르게 퍼지면서 제면하기에 적합한 상태가 됩니다.

 만든 당일 반죽 전량을 사용할 것이 아니라면, 진공 포장해 냉장고에서 12시간 휴지시킵니다. 사용 시 1시간 전에 실온에 꺼내 두어 냉기를 뺀 후 작업합니다. 이렇게 하면 냉장고에 보관하며 3~4일간 사용할 수 있습니다.

완성된 반죽은 제면기, 밀대, 파스타 툴 또는 손으로 성형해 사용합니다.

비트 생면 반죽

비트 특유의 색감과 영양, 은은한 향은 생면 파스타에 또 다른 깊이를 더합니다. 일반적인 반죽과는 다른 인상을 주어, 조금 더 특별한 날에 어울리는 생면 파스타를 만들기에 적합합니다. 면은 물론, 소를 채운 라비올리 등 다양한 형태로 응용할 수 있습니다.

비트 퓌레는 삶거나 찌는 방식보다 오븐에 구워 수분을 최소화해 만드는 것을 권장합니다. 이는 반죽의 수분 조절을 용이하게 하고, 색과 향을 보다 안정적으로 유지하는 데 도움이 됩니다.

ingredients (약 4인 분량)

강력분	300g
세몰라 (카푸토)	100g
소금	10g
비트 퓌레 (50p)	100g
달걀	1개 (약 65g)
노른자	1개 (약 20g)

* 손으로 반죽하는 경우 위의 배합에서
  노른자를 생략하고 달걀을 1개 더
  늘려 줍니다.

❶ 믹싱볼에 체 친 강력분과 세몰라, 소금을 넣고 저속으로 가볍게 섞습니다.

❷ 비트 퓌레, 달걀과 노른자를 넣고 저속으로 약 3분간 섞습니다.

③ 재료가 고르게 섞이면 중속으로
　약 4분간 반죽합니다.

④ 반죽을 작업대로 옮겨 손으로 치대 한 덩어리가 되도록 만듭니다.

⑤ 한 덩어리가 되면 랩으로 단단히 감싸거나 진공 포장해 실온에서 1시간
　휴지시킨 후 사용합니다. 지금은 반죽이 매끈해 보이지 않더라도, 휴지
　과정 동안 수분이 고르게 퍼지면서 제면하기에 적합한 상태가 됩니다.

 만든 당일 반죽 전량을 사용할 것이 아니라면, 진공 포장해 냉장고에서 12시간 휴지시킵니
다. 사용 시 1시간 전에 실온에 꺼내 두어 냉기를 뺀 후 작업합니다. 이렇게 하면 냉장고에
보관하며 3~4일간 사용할 수 있습니다.

▨ 완성된 반죽은 제면기, 밀대, 파스타
　툴 또는 손으로 성형해 사용합니다.

시금치 생면 반죽

시금치는 맛과 영양, 색감의 균형이 뛰어나 이탈리아에서 가장 널리 사용되는 생면 파스타 재료입니다. 엽채류를 활용한 반죽에서는 섬유질을 제거하는 과정이 가장 중요하며, 수분을 줄이고 색감을 선명하게 유지하는 점도 중요합니다. 이를 위해 데친 시금치는 얼음물에서 즉시 냉각한 뒤 충분히 물기를 제거하고, 퓌레 상태로 곱게 만들어 반죽에 사용합니다. 이러한 과정을 거치면 반죽의 조직이 고르고, 제면과 성형 과정에서도 안정적인 결과를 얻을 수 있습니다.

ingredients (약 4인 분량)

강력분	200g
중력분	100g
세몰라 (카푸토)	100g
소금	10g
시금치 퓌레 (51p)	70g
달걀	2개 (약 130g)
노른자	1개 (약 20g)

* 손으로 반죽하는 경우 위의 배합에서
  노른자를 생략하고 달걀을 1개 더
  늘려 줍니다.

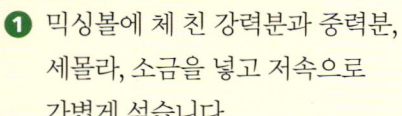

❶ 믹싱볼에 체 친 강력분과 중력분, 세몰라, 소금을 넣고 저속으로 가볍게 섞습니다.

❷ 시금치 퓌레, 달걀과 노른자를 넣고 저속으로 약 3분간 섞습니다.

❸ 재료가 고르게 섞이면 중속으로 약 4분간 반죽합니다.

❹ 반죽을 작업대로 옮겨 손으로 치대 한 덩어리가 되도록 만듭니다.

❺ 한 덩어리가 되면 랩으로 단단히 감싸거나 진공 포장해 실온에서 1시간 휴지시킨 후 사용합니다. 지금은 반죽이 매끈해 보이지 않더라도, 휴지 과정 동안 수분이 고르게 퍼지면서 제면하기에 적합한 상태가 됩니다.

 만든 당일 반죽 전량을 사용할 것이 아니라면, 진공 포장해 냉장고에서 12시간 휴지시킵니다. 사용 시 1시간 전에 실온에 꺼내 두어 냉기를 뺀 후 작업합니다. 이렇게 하면 냉장고에 보관하며 3~4일간 사용할 수 있습니다.

▨ 완성된 반죽은 제면기, 밀대, 파스타 툴 또는 손으로 성형해 사용합니다.

비트 퓌레 만들기

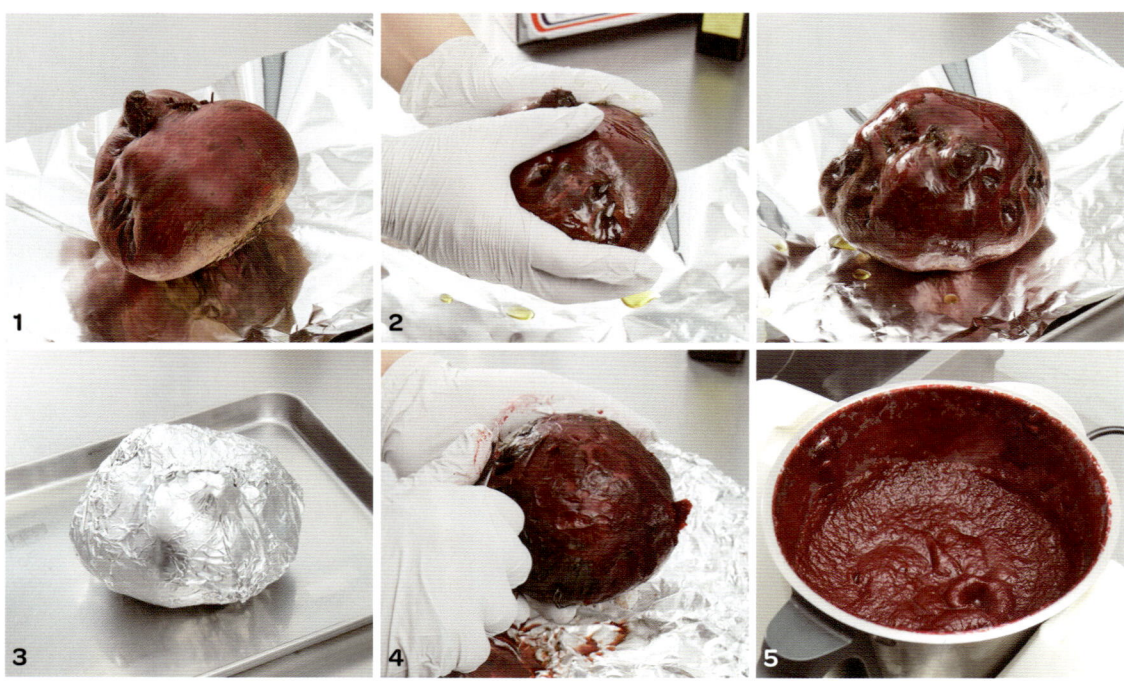

재료

비트	1개
올리브오일	적당량

만드는 법

❶ 깨끗하게 씻은 후 물기를 제거한 비트를 준비합니다.

❷ 비트 표면에 올리브오일을 고르게 바릅니다.

❸ 호일로 싸 185℃로 예열된 오븐에서 약 1시간 익힙니다.

Tip. 비트의 크기에 따라, 오븐의 성능에 따라 가열 시간을 달라질 수 있습니다. 비트 정중앙을 젓가락을 찔러 푹 들어가는지 확인한 후 오븐에서 꺼냅니다.

❹ 한 김 식힌 후 껍질을 제거합니다.

❺ 큼직하게 자른 후 믹서에 넣고 곱게 갈아 줍니다.

Tip. 별도의 물이나 오일을 첨가하지 않고 익힌 비트 단독으로 갈아 사용합니다.

Tip. 완성된 비트 퓌레는 사용할 양만큼 소분해 진공 포장한 후 냉동하면 다양한 요리에 편리하게 사용할 수 있습니다.

시금치 퓌레 만들기

재료

시금치	두 단
물	2L
소금	한 꼬집
얼음	적당량

만드는 법

❶ 깨끗하게 씻은 시금치 두 단을 준비합니다.

Tip. 시금치 한 단은 양이 작아 믹서에 잘 갈리지 않습니다.

❷ 시금치의 줄기를 제거해 잎만 남긴 후 큼직하게 자릅니다.

❸ 2L의 물에 소금 한 꼬집을 넣고 가열합니다.

❹ 물이 끓어오르면 시금치 잎을 넣고 약 1분간 살짝 데쳐줍니다.

❺ 데친 시금치는 곧바로 얼음물에 넣습니다.

❻ 시금치가 식으면 물기를 꼭 짜줍니다.

❼ 믹서에 물기를 꼭 짠 시금치와 얼음 3알을 넣고 곱게 갈아 줍니다. 한 번에 완벽하게 갈아지지 않으므로, 시금치를 날 쪽으로 밀어 넣고 갈아주는 것을 반복해 작업합니다.

Tip. 얼음은 믹서가 공회전하는 것을 막아줍니다.

Tip. 수분을 많이 넣을수록 쉽게 갈리지만 반죽의 질이 낮아집니다.

❽ 완성된 시금치 퓌레는 사용할 양만큼 소분해 진공 포장한 후 냉동하면 다양한 요리에 편리하게 사용할 수 있습니다.

먹물 생면 반죽

먹물 생면 반죽은 색이 들어간 생면 파스타 가운데 비교적 손쉽게 만들 수 있는 반죽입니다. 다만 먹물 특유의 향과 성질로 인해 보관과 사용에는 주의가 필요합니다. 약간의 비릿한 향이 있으며, 보관 상태에 따라 변질이 빠를 수 있으므로 개봉 후 관리가 중요합니다.

먹물은 개봉 후 밀봉해 냉장 보관하고, 가능한 한 빠른 시일 내에 사용하는 것이 바람직합니다. 자주 사용하지 않는 경우에는 가격이 다소 높더라도 소용량 제품을 선택하는 것이 좋습니다.

먹물 반죽은 해산물과의 궁합이 뛰어나며, 조개류나 갑각류를 활용한 파스타에서 특히 효과적으로 활용할 수 있습니다.

ingredients (약 4인 분량)

강력분	300g
세몰라 (카푸토)	100g
백후추	약간
소금	1g
오징어먹물	9g
달걀	3개 (약 195g)
노른자	1개 (약 20g)

* 손으로 반죽하는 경우 위의 배합에서
노른자를 생략하고 달걀을 1개 더
늘려 줍니다.

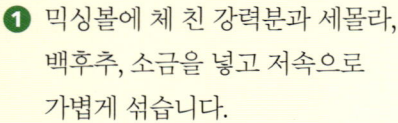

❶ 믹싱볼에 체 친 강력분과 세몰라, 백후추, 소금을 넣고 저속으로 가볍게 섞습니다.

❷ 오징어먹물, 달걀과 노른자를 넣고 저속으로 약 3분간 섞습니다.

③ 재료가 고르게 섞이면 중속으로 약 4분간 반죽합니다.

④ 반죽을 작업대로 옮겨 손으로 치대 한 덩어리가 되도록 만듭니다.

⑤ 한 덩어리가 되면 랩으로 단단히 감싸거나 진공 포장해 실온에서 1시간 휴지시킨 후 사용합니다. 지금은 반죽이 매끈해 보이지 않더라도, 휴지 과정 동안 수분이 고르게 퍼지면서 제면하기에 적합한 상태가 됩니다.

 만든 당일 반죽 전량을 사용할 것이 아니라면, 진공 포장해 냉장고에서 12시간 휴지시킵니다. 사용 시 1시간 전에 실온에 꺼내 두어 냉기를 뺀 후 작업합니다. 이렇게 하면 냉장고에 보관하며 3~4일간 사용할 수 있습니다.

▨ 완성된 반죽은 제면기, 밀대, 파스타 툴 또는 손으로 성형해 사용합니다.

dough
06

메밀 생면 반죽

이탈리아 북부에서 즐겨 먹는 메밀 생면은 반죽 자체가 제면 과정에서 쉽게 부서지는 특성이 있어 빠르고 신중한 작업이 필요합니다.

제면 과정에서 반죽이 계속해서 부서진다면, 수분을 소량 늘리거나 메밀가루의 일부를 밀가루로 대체해 조성비를 조절하는 방법이 도움이 됩니다. 이러한 방식으로 반죽의 성질에 익숙해진 뒤, 점차 본 레시피에 가까운 배합으로 조정하며 기본기를 충실히 익히는 것이 중요합니다.

ingredients (약 4인 분량)

메밀가루 (ORGA)	300g
강력분	100g
소금	10g
달걀	3개 (약 195g)
노른자	1개 (약 20g)
후추	약 1작은술

* 손으로 반죽하는 경우 위의 배합에서 노른자를 생략하고 달걀을 1개 더 늘려 줍니다.

1 믹싱볼에 체 친 메밀가루와 강력분, 소금을 넣고 저속으로 가볍게 섞습니다.

2 달걀과 노른자, 후추를 넣고 저속으로 약 3분간 섞습니다.

3 재료가 고르게 섞이면 중속으로 약 4분간 반죽합니다.

❹ 반죽을 작업대로 옮겨 손으로 치대 한 덩어리가 되도록 만듭니다.

❺ 한 덩어리가 되면 랩으로 단단히 감싸거나 진공 포장해 실온에서 2시간 휴지시킨 후 사용합니다. 지금은 반죽이 매끈해 보이지 않더라도, 휴지 과정 동안 수분이 고르게 퍼지면서 제면하기에 적합한 상태가 됩니다.

 만든 당일 반죽 전량을 사용할 것이 아니라면, 진공 포장해 냉장고에서 12시간 휴지시킵니다. 사용 시 1시간 전에 실온에 꺼내 두어 냉기를 뺀 후 작업합니다. 이렇게 하면 냉장고에 보관하며 3~4일간 사용할 수 있습니다.

▨ 사용하는 메밀가루에 따라 반죽의 색이 달라질 수 있습니다.

▨ 완성된 반죽은 제면기, 밀대, 파스타 툴 또는 손으로 성형해 사용합니다.

카카오 생면 반죽

파우더를 첨가해 반죽하는 생면 파스타의 기본이 되는 반죽입니다. 카카오 파우더뿐 아니라 다양한 색과 성질의 파우더를 대체해 사용하더라도, 이 배합을 기준으로 하면 폭넓고 창의적인 응용이 가능합니다.

다만 수용성 파우더를 사용할 경우에는 따뜻한 물에 먼저 풀어 균일하게 만든 뒤 믹서에 넣거나 손반죽으로 작업하는 것이 좋습니다. 이는 파우더가 반죽에 고르게 분산되도록 돕고, 색과 질감을 안정적으로 표현하는 데 도움이 됩니다.

ingredients (약 4인 분량)

세몰라 (카푸토)	400g
따뜻한 물	160g
소금	10g
무가당 코코아 파우더	25g

* 가정용 믹서로 반죽하거나 손으로
  반죽하는 경우 모두 사용할 수 있는
  배합입니다.

❶ 믹싱볼에 모든 재료를 넣고 저속으로 약 3분간 섞습니다.

❷ 재료가 고르게 섞이면 중속으로 약 4분간 반죽합니다.

❸ 반죽을 작업대로 옮겨 손으로 치대 한 덩어리가 되도록 만듭니다.

❹ 한 덩어리가 되면 랩으로 단단히 감싸거나 진공 포장해 실온에서 2시간
휴지시킨 후 사용합니다. 지금은 반죽이 매끈해 보이지 않더라도, 휴지
과정 동안 수분이 고르게 퍼지면서 제면하기에 적합한 상태가 됩니다.

 만든 당일 반죽 전량을 사용할 것이 아니라면, 진공 포장해 냉장고에서 12시간 휴지시킵니다. 사용 시 1시간 전에 실온에 꺼내 두어 냉기를 뺀 후 작업합니다. 이렇게 하면 냉장고에 보관하며 3~4일간 사용할 수 있습니다.

▨ 완성된 반죽은 제면기 또는 밀대나 파스타 툴로 성형해 사용합니다.

글루텐 프리
비트 생면 반죽

이탈리아에서도 글루텐 프리 파스타는 꾸준히 만들어지며, 주로 쌀을 베이스로 한 반죽을 사용합니다. 글루텐이 없는 구조를 보완하기 위해 전분을 함께 첨가하는 것이 기본적인 접근입니다. 여기에서 사용한 현미쌀가루는 다른 곡물가루로 대체할 수 있으며, 비트 역시 색을 낼 수 있는 다양한 재료로 바꾸어 응용이 가능합니다.

이 반죽은 밀가루의 글루텐이 부담스러운 경우에도 안정적인 제면을 시도할 수 있으며, 동시에 색과 재료의 조합을 확장할 수 있는 글루텐 프리 생면 파스타의 기본이 되는 배합입니다.

ingredients (약 4인 분량)

쌀가루 (안심곳간)	240g
현미쌀가루 (안심곳간)	100g
감자전분 (곰곰)	60g
타피오카 가루 (알티스트)	60g
잔탄검	10g
소금	10g
비트 퓌레 (50p)	170g
달걀	2개 (약 130g)
엑스트라 버진 올리브오일	10g

* 가정용 믹서로 반죽하거나 손으로 반죽하는
  경우 모두 사용할 수 있는 배합입니다.

❶ 믹싱볼에 체 친 쌀가루와 현미쌀가루, 감자전분, 타피오카 가루, 잔탄검, 소금을 넣고 저속으로 가볍게 섞습니다.

❷ 비트 퓌레, 달걀, 엑스트라 버진 올리브오일을 넣고 저속으로 약 3분간 섞습니다.

❸ 재료가 고르게 섞이면 중속으로
약 4분간 반죽합니다.

❹ 반죽을 작업대로 옮겨 손으로 치대 한 덩어리가 되도록 만듭니다.

❺ 한 덩어리가 되면 랩으로 단단히 감싸거나 진공 포장해 실온에서 2시간
휴지시킨 후 사용합니다. 지금은 반죽이 매끈해 보이지 않더라도, 휴지
과정 동안 수분이 고르게 퍼지면서 제면하기에 적합한 상태가 됩니다.

 만든 당일 반죽 전량을 사용할 것이 아니라면, 진공 포장해 냉장고에서 12시간 휴지시킵니
다. 사용 시 1시간 전에 실온에 꺼내 두어 냉기를 뺀 후 작업합니다. 이렇게 하면 냉장고에
보관하며 3~4일간 사용할 수 있습니다.

▨ 완성된 반죽은 제면기, 밀대, 파스타
툴 또는 손으로 성형해 사용합니다.

중북부 스타일
뇨끼 반죽과 성형

소렌토에서 리보르노를 거쳐 중부와 북부에 이르는 비교적 넓은 지역에서 만들어지는 감자 뇨끼는, 지역과 가정에 따라 반죽의 구성과 비율에 차이가 있습니다. 이러한 편차는 주로 밀가루와 치즈의 첨가량에서 비롯됩니다.

밀가루의 비율에 따라 뇨끼의 질감은 크게 달라집니다. 보다 쫄깃한 식감을 원한다면 감자를 삶아 수분을 남긴 상태로 사용하고, 밀가루의 양을 늘려 반죽합니다. 반대로 매우 부드러운 질감을 추구할 경우에는 본 레시피처럼 감자를 오븐에 구워 수분을 최소화한 뒤, 최소한의 밀가루만을 더해 반죽합니다.

ingredients (약 8인 분량)

생감자 (점질 감자)	1kg
꽃소금	적당량
강력분	380g
그라나 파다노 치즈	50g
한주소금	10g
달걀	1개 (약 65g)
넛맥 가루	약간

* 마트에서 판매되는 감자는 대부분 점질 또는 점질에 가까운 중간질 감자이므로, 비교적 편리하게 만들 수 있는 레시피입니다.

❶ 생감자 1kg을 깨끗이 씻어 물기를 제거한 후 중심부를 기준으로 칼집을 냅니다.

❷ 칼집 낸 감자를 꽃소금 위에 올립니다.

 구운 후 감자의 껍질 제거를 쉽게 하기 위한 작업입니다.

❸ 감자 위에 꽃소금을 소복하게 덮은 후 190℃로 예열된 오븐에 넣고 185℃로 줄여 약 40분간 익힙니다.

❹ 한 김 식힌 후 껍질을 제거하고, 포테이토 매셔 또는 굵은 체에 내려줍니다.

❺ 체 친 강력분, 강판에 간 그라나 파다노 치즈, 한주소금을 감자 위에 고르게 뿌립니다.

• 꽃소금을 덮은 상태로 익히면 감자의 껍질이 얇게 벗겨져 수율을 높일 수 있습니다. 이 과정이 번거롭다면 소금을 덮지 않고 감자만 익혀도 무방합니다. 다만 감자의 수율이 상대적으로 낮아질 수 있으므로, 껍질에 붙어 있는 부분까지 잘 분리해 사용합니다.

• 감자를 덮었던 꽃소금은 재사용할 수 있습니다.

• 젓가락으로 감자 중심부를 찔렀을 때 푹 들어가는 정도로 익힙니다.

❻ 잘 풀어둔 달걀을 뿌립니다.

❼ 스크래퍼를 이용해 반죽을 잘게 다지듯 골고루 섞습니다.

❽ 넛맥 가루를 갈아 뿌린 후 다시 섞습니다.

9 날가루가 보이지 않고 모든 재료가 고르게 섞이면 반죽을 한 덩어리로 만듭니다.

10 반죽의 일부를 떼어 내 여분의 강력분을 가볍게 뿌립니다.

 이때 너무 치대면 반죽이 질어지니 주의합니다. 반죽이 질게 느껴진다면 여분의 강력분을 추가해 가며 반죽합니다. 단, 강력분의 양이 필요 이상으로 늘어나면 부드러운 식감보다는 쫄깃한 식감으로 완성되니 주의합니다.

11 지름 1cm 정도의 원통형으로 만듭니다.

12 2cm 길이로 자릅니다.

 초보자라면 성형 전에 뇨끼 반죽 일부를 떼어 끓는 물에 먼저 익혀보는 것이 좋습니다. 반죽이 퍼지지 않고 잘 떠오르면 상태가 알맞게 잡힌 것입니다. 만약 익히는 과정에서 퍼진다면 강력분을 소량 더해 다시 가볍게 반죽한 뒤 약 4분간 휴지시키고 다음 단계를 진행합니다.

13 반죽 표면에 여분의 강력분을 가볍게 뿌립니다.

14 뇨끼 보드에 반죽을 올리고 엄지손가락을 이용해 굴리듯 반죽을 밀어내 무늬를 만듭니다.

 뇨끼 보드가 없다면 포크를 이용해 무늬를 내거나, 무늬를 생략해도 됩니다.

15 반죽 표면에 여분의 강력분을 가볍게 뿌려 보관하며 사용합니다.

 만든 직후 사용하거나, 냉장고에서 2일 또는 냉동고에서 1개월간 보관하며 사용 할 수 있습니다.

 냉동 보관하는 경우 평평한 판에 강력분을 뿌린 뒤, 뇨끼가 서로 붙지 않도록 간격을 두어 놓고 먼저 얼립니다. 이후 얼린 뇨끼를 지퍼백이나 밀폐 용기에 옮겨 담아 보관하면 서로 달 라붙지 않습니다.

로마 스타일 뇨끼 반죽과 성형

ingredients (약 8인 분량)

생감자 (분질 햇감자)	1kg
강력분	100g
세몰라 (카푸토)	10g
그라나 파다노 치즈	100g
한주소금	5g
달걀	1개 (약 65g)
넛맥 가루	약간

* 여기에서는 두백감자를 사용했습니다.

로마 스타일 뇨끼에는 일반적으로 감자가 사용되지 않습니다. 세몰라와 치즈, 따뜻한 물을 기본으로 반죽해 오븐에 구워 완성하는 것이 전통적인 방식입니다. 이 반죽은 이러한 전통을 바탕으로, 볼로냐 사람이 로마에서 뇨끼를 맛본 뒤 자신만의 방식으로 재해석한다는 발상에서 출발했습니다.

전통적인 실린더 형태를 유지하되, 세몰라를 넣어 반죽하고 성형한 뒤 겉면에 다시 세몰라를 입혀 팬에 한 번 굽고, 이어서 오븐에 구워내는 방식으로 풍미를 확장했습니다. 이를 통해 로마 스타일의 구조 위에 보다 깊은 고소함과 식감을 더한 하이브리드 형태의 뇨끼로 완성했습니다.

이 메뉴를 한남동 매장에서 선보였을 때, 이탈리아 대사관 관계자들로부터도 긍정적인 반응을 얻은 바 있습니다.

❶ 생감자 1kg을 60p와 동일한 방법으로 익힙니다. 한 김 식으면 껍질을 벗겨내고 포테이토 매셔 또는 굵은 체에 내립니다.

❷ 체 친 강력분, 세몰라, 강판에 간 그라나 파다노 치즈, 한주소금을 감자 위에 뿌립니다.

❸ 스크래퍼를 이용해 반죽을 다지듯 가볍게 섞습니다.

 일반 감자(점질 감자)에 비해 수분이 낮은 분질 감자의 경우 오븐에서 1시간 정도 구워야 중심부까지 잘 익습니다.

④ 잘 풀어둔 달걀을 뿌려준 후 다시 가볍게 섞습니다.

⑤ 넛맥 가루를 갈아 뿌린 후 다시 섞습니다.

⑥ 날가루가 보이지 않고 모든 재료가 고르게 섞이면 반죽을 한 덩어리로 만듭니다.

 이때 너무 치대면 반죽이 질어지니 주의합니다. 반죽이 질게 느껴진다면 여분의 강력분을 추가해 가며 반죽합니다.

⑦ 반죽 표면에 여분의 세몰라를 가볍게 뿌린 후 반죽의 일부를 떼어냅니다.

⑧ 지름 4~5cm 정도의 원통형으로 만듭니다.

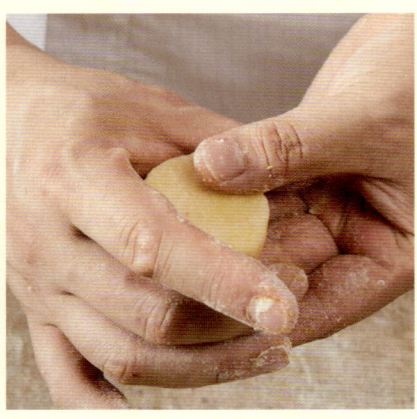

 9 칼을 이용해 동일한 두께로
자릅니다.

 10 둥글게 빚어 매달 모양으로
만듭니다.

 11 반죽 표면에 여분의 세몰라를
가볍게 뿌려 보관하며
사용합니다.

반죽 하나당 30g 정도가 적당하지만
취향에 따라, 요리에 따라 가감해도
됩니다.

남은 반죽 모두 동일하게 작업합니다.

만든 직후 사용하거나, 냉장고에서 2일
또는 냉동고에서 1개월간 보관하며 사용
할 수 있습니다. 냉동 보관하는 경우 사
용하기 하루 전 냉장고에 옮겨 해동한
후 사용합니다.

 냉동 보관하는 경우 평평한 판에 세몰라
를 뿌린 뒤, 뇨끼가 서로 붙지 않도록 간
격을 두어 놓고 먼저 얼립니다. 이후 얼
린 뇨끼를 지퍼백이나 밀폐 용기에 옮겨
담아 보관하면 서로 달라붙지 않습니다.

PSATA FRESCA

04

생면 파스타
제면의
기본 원리와
공정

생면 파스타 제면

가정에서는 키친에이드나 임페리아(수동 또는 전동)와 같은 탁상형 제면기를 사용하는 것이 적합합니다. 파스타 툴을 장착할 수 있는 기기라면 어느 제품이든 활용할 수 있으며, 이러한 도구가 없다면 밀대를 이용해 손으로 작업해도 무방합니다.

* 여기에서는 키친에이드와 전용 파스타 툴을 사용했습니다.

❶ 제면 공통

❶ 휴지를 마친 반죽을 가볍게
누른 후 타원형으로 넓적하게
만듭니다.

 앞서 소개한 1~8번 반죽 중 어느 것을
사용해도 무방합니다.

❷ 반죽 앞뒷면에 강력분을 뿌린 후 밀대로 밀어 폅니다.

 사용하는 제면기마다 반죽이 들어가는 입구의 너비와 두께가 다르므로, 이에 맞춰 반죽을
밀어 폅니다.

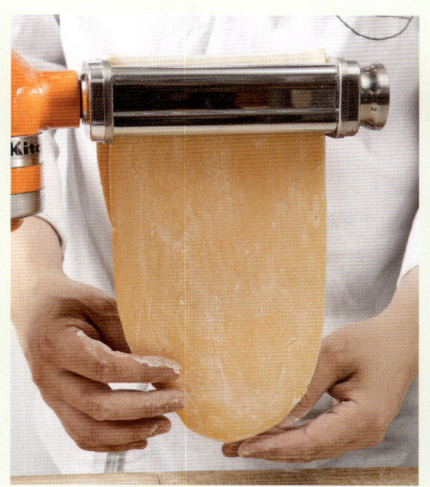

❸ 밀어 편 반죽 앞뒷면에 강력분을 뿌립니다.

 제면기에 반죽이 달라붙지 않게 하기 위함입니다.

❹ 파스타 롤러를 장착한 키친에이드 기준, 다이얼을 8로 맞춰 작동시킨 후, 반죽을 넣고 밀려 나오는 반죽을 잡습니다.

 제면기가 없다면 밀대를 사용해 손으로 작업해도 무방합니다.

❺ 8-6-4 순서로 다이얼을 조절하며 반죽을 반복적으로 내려 두께를 서서히 줄여줍니다. 이때 반죽이 제면기에 잘 들어가도록 각 단계마다 강력분을 뿌려가며 작업합니다.

 다이얼 4까지 내린 반죽을 기본으로 하여, 다음 페이지에서 소개하는 방식에 따라 긴 면으로 제면하거나 라비올리처럼 모양을 내는 작업을 진행합니다.

❷ 가정용 파스타 툴을 사용한 제면

❶ 다이얼 4까지 내린 반죽
(71p 5번 과정)을 20~30cm
길이가 되도록 자릅니다.

❷ 3등분으로 접습니다.

 사용하는 파스타 롤러 입구에 맞는 크기
로 접습니다.

❸ 파스타 롤러의 두께 조절 다이얼을
8로 맞춘 후 포개진 반죽 면이
롤러와 90°가 되도록 넣고
내려줍니다.

❻ 반죽 앞뒷면에 강력분을 뿌린 후
사용할 파스타 툴 입구에 맞춰
가장자리를 자릅니다.

스파게티 커터 제면
(다이얼 3까지 내린 반죽 사용)

페투치네 커터 제면
(다이얼 2까지 내린 반죽 사용)

❼ 스파게티 커터 또는 페투치네 커터로 교체한 후 반죽을 내려줍니다.

4 8-6-4 순서로 다이얼을 조절하며 반죽을 반복적으로 내려 두께를 서서히 줄여줍니다. 이때 반죽이 제면기에 잘 들어가도록 각 단계마다 강력분을 뿌려가며 작업합니다.

5 다이얼 4까지 내린 반죽은 사용하는 생면의 용도나 종류에 따라 다이얼 3~1로 최종 두께를 맞춘 후 사용합니다.

 이 책에서는 스파게티 커터로 제면하는 경우 다이얼 3까지 내린 반죽을 사용했고, 페투치네 커터로 제면하는 경우 다이얼 2까지 내린 반죽을 사용했습니다.

8 완성된 생면은 강력분을 묻혀 체반에 두거나, 파스타 건조대에 걸어 커팅된 단면이 살짝 마를 정도로 건조시킨 후 사용합니다.

❸ 칼로 자르는 수작업 제면

생면 제면 시에는 전용 제면기나 이 책에서 소개하는 파스타 툴을 활용하면 작업이 수월합니다. 그러나 이러한 도구가 없는 경우에도, 밀대를 이용해 반죽을 원하는 두께로 민 뒤 칼로 재단하여 충분히 제면할 수 있습니다. 손 제면 방식은 장비에 대한 제약이 적고, 면의 너비와 형태를 비교적 자유롭게 조절할 수 있다는 장점이 있습니다. 특히 파스타 툴의 형태나 규격이 한정적인 경우, 손으로 직접 제면하면 원하는 너비의 생면을 구현할 수 있습니다.

❶ 다이얼 4까지 두 번 내린 반죽 (73p 4번 과정)을 가로로 놓고, 4등분해 가장자리를 포개줍니다.

❷ 포갠 부분을 한 번 더 포개줍니다.

❸ 반죽을 반으로 포개줍니다.

생면 반죽의 두께와 면의 너비

생면	반죽의 두께	면의 너비
파파르델레	1~2mm	20~30mm
탈리아텔레	0.6~0.8mm	6~8mm
페투치네	1.5mm	6~8mm
탈리올리니	2mm	1.5~2mm
타야린	1mm	2~3mm

❹ 용도에 맞는 반죽의 너비를
고려해 자릅니다.

❺ 완성된 생면은 강력분을 뿌려 묻혀 체반에 두거나, 파스타 건조대에 걸어
커팅된 단면이 살짝 마를 정도로 건조시킨 후 사용합니다.

④ 스폴리아

'스폴리아(sfoglia)'는 파스타 반죽을 얇게 밀어 만든 것으로, 면을 뽑거나 라비올리처럼 성형 작업을 진행하기 위한 기본 상태의 반죽 시트를 말합니다. 이 책에서는 라자냐, 라비 올리, 또르텔리니, 아뇰로티 등을 만드는 데 사용합니다.

❶ 다이얼 4까지 내린 반죽(71p 5번 과정)을 파스타 툴 입구에 맞춰 정사각형으로 자릅니다.

❷ 반죽 앞뒷면에 강력분을 뿌립니다.

현재 내리는 방향

이전 작업에서
내린 방향

❸ 이전 작업에서 내린 방향 기준 90°로 돌려 다이얼 1 또는 2로 맞춰 반죽을 내려줍니다.

❹ 용도에 맞는 크기로 잘라 사용합니다.

 밀대를 이용해 반죽을 밀어 펴는 경우에는 사방으로 자연스럽게 펴지므로 방향을 따로 신경 쓰지 않아도 됩니다. 반면 제면 툴을 사용하는 경우에는 방향을 돌려 가며 반죽을 내려 사방이 고르게 펴지도록 합니다.

 이 책에서는 라비올리로 사용하는 경우 다이얼 1까지 반죽을 내렸고, 라자냐와 칸넬로니로 사용하는 경우 다이얼 2까지 반죽을 내렸습니다.

❺ 줄무늬 스폴리아

줄무늬 스폴리아는 두 가지 색의 반죽을 겹쳐 사용하는 제면 방식입니다. 기본 생면 반죽 위에 가늘게 자른 색 반죽을 일정한 간격으로 올린 뒤, 밀대로 가볍게 밀어 반죽을 고정합니다. 이후 이 반죽을 제면기에 다시 내려 두께를 정리하면, 단면에 규칙적인 줄무늬가 형성됩니다. 이 기법은 주로 숏파스타 제작에 활용되며, 색 대비로 만들어지는 선명한 무늬와 장식적인 표현이 특징입니다.

❶ 길게 자른 달걀 생면 스폴리아 (77p)를 준비합니다.

❷ 8mm 너비로 제면한 먹물 생면을 준비합니다.

❸ 달걀 생면 스폴리아 위에 일정한 간격을 두고 먹물 생면을 올립니다.

❻ 반죽에 강력분을 뿌린 후, 다이얼 2로 맞춘 파스타 롤러에 넣고 내려줍니다.

❼ 용도에 따라 반죽을 다이얼 2 또는 1로 내려 사용합니다.

④ 반죽에 강력분을 뿌린 후 밀대를
  이용해 가볍게 밀어 두 개의
  반죽을 살짝 고정시켜줍니다.

⑤ 사용할 파스타 툴 입구에 맞춰 반죽 가장자리를 자릅니다.

⑧ 완성된 줄무늬 스폴리아는 용도에 맞춰 자른 후, 그대로 또는 숏파스타로 만들고 강력분을 묻혀 체반에 두거나,
  파스타 건조대에 걸어 건조시킨 후 사용합니다.

02

생면 파스타의 성형과 응용

지금까지 생면의 제면 과정을 살펴보았습니다. 앞서 소개한 내용을 이해하면 원하는 두께와 너비는 물론, 다양한 컬러의 반죽으로 생면을 만들 수 있으며, 이를 여러 요리에 어울리게 응용할 수 있습니다.

이 책에서는 각 레시피 페이지마다 해당 요리에 사용되는 파스타, 특히 숏파스타와 라비올리 계열의 성형법을 함께 소개하고 있습니다.

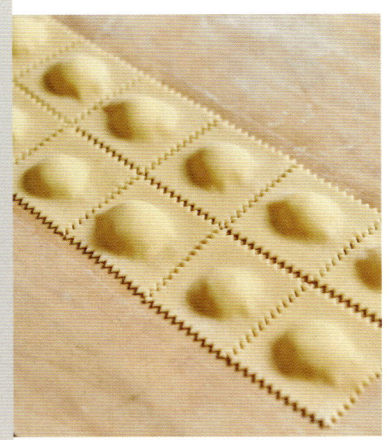

라비올리
(Ravioli, 170p)

파고티니
(Fagottini, 178p)

또르텔리니
(Tortellini, 186p)

(Ag

다음 페이지에서는 나비 모양의 파르팔레(Farfalle), 사탕처럼 성형한 카라멜레 (Caramelle) 등 레시피 파트에는 등장하지 않는 숏파스타와 라비올리의 성형법을 소개합니다.

이 책에서 제시하는 파스타 성형법을 무조건적으로 따라야 하는 것은 아닙니다. 요리에 어울리는 반죽을 선택하고, 원하는 숏파스타나 라비올리의 형태로 자유롭게 성형해도 무방합니다.

컬러 반죽과 줄무늬 반죽처럼 서로 다른 반죽을 조합해 색과 형태를 변주하며, 나만의 생면 파스타를 완성해 보시기 바랍니다.

(6p)

오레키에테
(Orecchiette, 204p)

가르가넬리
(Garganelli, 212p)

트로피에
(Trofie, 220p)

파르팔레
(Farfalle)

원하는 두께로 제면한 스폴리아를 일정한 크기의 정사각형으로 자릅니다. (여기에서는 비트 생면 반죽을 사용했습니다.)

반죽의 중앙을 손가락으로 집어 안쪽과 바깥쪽으로 각각 모은 뒤, 나무 막대 등을 이용해 중심을 단단히 눌러 고정합니다. 반죽 전체를 접거나 말지 않고 가운데만 고정시킨 후 양쪽 면은 펼쳐 둡니다.

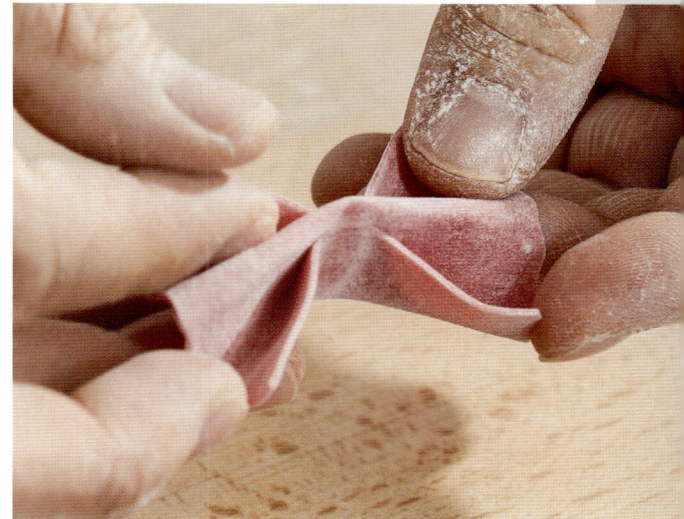

카라멜레
(Caramelle)

줄무늬 스폴리아(78p 참고)를 준비합니다. (여기에서는 달걀 생면 반죽과 비트 생면 반죽을 사용했습니다.)

원하는 두께로 제면한 줄무늬 스폴리아를 일정한 폭의 정사각형으로 자르고 달걀물을 바릅니다. 중앙에 소를 짜 올린 뒤, 반죽을 반으로 접어 소를 감싸듯 덮습니다.

손끝으로 가장자리를 가볍게 눌러 접합부를 밀착시켜 소가 새지 않도록 한 후, 라비올리 커터로 반죽을 자르고 양쪽 끝을 잡아 사탕 모양으로 만듭니다.

중앙의 소 부분을 살짝 눌러 줍니다.

피오리
라비올리
(Fiori Ravioli)

원하는 두께로 제면한 스폴리아를 준비합니다. (여기에서는 먹물 생면 반죽과 비트 생면 반죽을 사용했습니다.)

반죽 위에 소를 일정한 간격으로 올린 뒤, 다른 반죽을 덮어 소 주변의 공기를 충분히 제거하며 밀착시킵니다. 소가 중심에 안정적으로 자리 잡도록 손가락으로 가볍게 눌러 형태를 잡습니다.

원형 커터나 물결 커터를 사용해 소를 중심으로 반죽을 자른 후, 반죽 가장자리를 따라 손가락으로 반죽을 위로 세워 꽃잎처럼 주름을 만듭니다. 중앙의 소는 누르지 않고, 둘레만 정리해 깊이 감 있는 그릇 형태를 유지합니다.

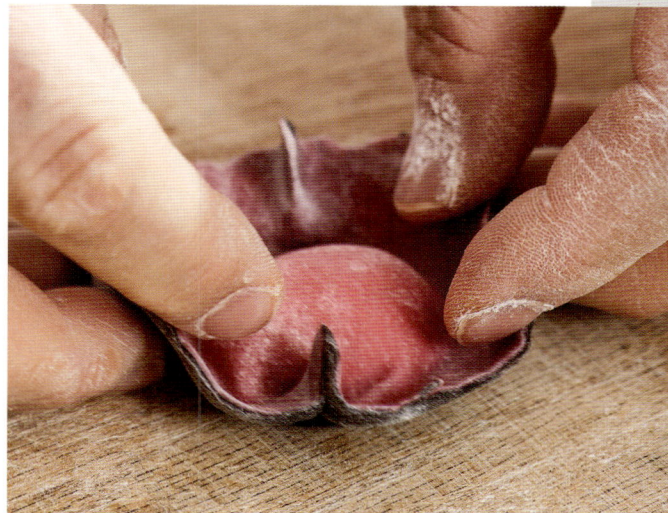

파고티니 변형
(Fagottini)

원하는 두께로 제면한 스폴리아를 준비합니다. (여기에서는 달걀 생면 반죽과 시금치 생면 반죽을 사용했습니다.)

스폴리아에 달걀물을 바르고 중앙에 소를 짜 올린 뒤, 다른 스폴리아로 덮어 소 주변부터 가장자리 방향으로 부드럽게 눌러 밀착시킵니다.

라비올리 커터를 이용해 반죽을 정사각형으로 자른 후, 두 모서리를 대각선 방향으로 집어 고정합니다.

03

생면의 건조 및 보관

생면을 장기간 보존하는 방법에는 크게 두 가지가 있습니다. 제면 후 급속 냉동해 보관하는 방법과, 건조시킨 후 보관하는 방법입니다.

급속 냉동 보관은 비교적 간편하며, 일반적으로 1~2주간 사용이 가능합니다. 다만 보관 기간이 길어질수록 생면의 수분 일부가 이탈해 부분적인 건조가 발생하고, 이에 따라 식감과 품질이 현저히 저하될 수 있습니다. 따라서 급속 냉동 방식은 단기 보관을 전제로 사용하는 것이 바람직합니다.

반면 건조 보관은 보다 장기간 보존에 유리한 방법입니다. 건조 시에는 생면을 왼쪽 사진과 같이 채반에 두고 건조시키거나, 건조대에 널어 놓고 선풍기 등의 바람을 이용해 비교적 빠르게 수분을 제거하는 방식을 권장합니다. 다만 우천 시나 장마철과 같이 습도가 높은 환경에서는 균일한 건조가 어려울 수 있으므로 주의가 필요합니다. 완전히 건조된 생면은 실리카겔과 함께 밀봉해 보관하며, 운반이나 취급 과정에서 충격으로 인한 파손이 발생하지 않도록 유의해야 합니다.

그럼에도 불구하고 생면은 가급적 제면한 당일에 소비하는 것이 가장 이상적입니다. 신선한 상태에서 사용할수록 생면 특유의 질감과 풍미를 온전히 살릴 수 있기 때문입니다.

생면 반죽을 진공 포장해 보관하는 경우에는 냉장고에서 최소 6시간 이상(12시간 권장) 휴지시킨 후 사용해야 합니다. 휴지 이후에는 냉장 보관 상태로 3~4일간 사용할 수 있습니다. 사용할 때는 반죽을 실온에 최소 1시간 이상 두어 온도를 서서히 회복시킨 뒤, 제면하기에 적합한 상태로 만들어 사용합니다.

※ 제면한 생면은 건조 보관보다 냉동 보관이 품질을 유지하는 데 더 유리합니다. 다만 냉동 보관할 때 덧가루(강력분)를 충분히 고루 뿌리지 않으면 면이 서로 달라붙을 수 있으므로 주의합니다.

※ 사용할 때는 별도의 해동 과정 없이 끓는 물에 바로 넣어 삶습니다. 이때 면을 넣어도 물의 온도가 급격히 떨어지지 않도록, 충분한 양의 물에 삶는 것이 좋습니다.

생면의 조리

생면은 일반적으로 3분을 넘기지 않는 범위에서 삶는 것을 권장합니다. 다만 면의 굵기와 반죽의 재료 배합 비율에 따라 조리 시간은 달라질 수 있으므로, 상태를 확인하며 조절하는 것이 중요합니다. 팬에서 소스와 함께 추가 조리가 필요한 경우에는 1분 20초~2분 사이로 짧게 삶아 면의 탄력을 유지하는 것이 좋습니다.

소금물 농도 역시 건면과 구분해 적용해야 합니다. 건면은 일반적으로 1~2% 소금물에 삶지만, 생면은 반죽 과정에서 이미 소금이 첨가되므로 0.5%의 소금물에서 삶는 것이 적합합니다.

차갑게 제공하는 요리의 경우에는 최대 5분까지 삶은 뒤 찬물에 씻어 전분기를 제거하고 면이 다시 응축되도록 한 후 사용합니다.

PSATA FRESCA

O5

생면
파스타
레시피

Lasagne alla **bolognese**

볼로냐식 라자냐

ingredients (4인 분량)

이탈리아 유학 시절, 라구에 대한 경험은 볼로냐 지역에서 본격적으로 쌓이기 시작했습니다. 볼로냐 인근 체세나티코에서 레스토랑 실습을 하며, 라구가 단순한 소스가 아니라 시간과 공정의 축적으로 완성되는 요리라는 점을 이해하게 되었습니다.

라자냐는 이러한 라구의 성격을 가장 잘 드러내는 요리입니다. 고기와 채소, 토마토를 오랜 시간 볶고 끓여 완성한 라구 소스를 생면 사이에 차곡차곡 쌓아 올려 구워냅니다. '카밀로 라자네리아'의 라자냐도 그렇게 시작되었습니다. 이 라자냐는 지금도 매장에서 가장 중심이 되는 시그니처 메뉴입니다.

라구 소스*

양파	50g
당근	40g
셀러리	40g
버터	30g
소고기 다짐육 (지방이 없는 부분)	250g
돼지고기 다짐육 (지방이 적당히 있는 부분)	200g
토마토 페이스트 (시리오)	25g
레드와인	100g
물	500g
고체 치킨 스톡 (스타 다도 델리카토)	1개 (10g)
로즈마리	2줄기
월계수 잎	4장
통흑후추	10알
타임	4줄기
소금	4g
넛맥 가루	적당량

라자냐

스폴리아 (76p)	400g
라구 소스*	400g
베샤멜 소스 (136p) 또는 크림치즈	800g
버터	적당량
파르미지아노 레지아노 치즈	100g
파르미지아노 레지아노 치즈	적당량
엑스트라 버진 올리브오일	적당량
이탈리아 파슬리	적당량
후추	적당량

라구 소스

HOW TO MAKE

라구 소스

1. 양파, 당근, 셀러리를 3mm 큐브 형태(브루누아즈)로 썰어 줍니다.

2. 약 2L 용량의 낮고 넓은 팬에 버터를 넣습니다. 버터가 녹을 때까지 중불을 유지합니다.

3. 중불에서 양파를 볶다가 양파가 투명해지면 당근과 셀러리를 넣고 4~5분간 볶습니다.

4. 강불로 올려 소고기 다짐육, 돼지고기 다짐육을 넣고 덩어리 지지 않게 잘 볶습니다.

● 더욱 진한 풍미를 내려면 소고기의 비율을 높입니다.

5. 고기 육즙의 수분이 모두 날아가고, 고기가 팬에 살짝 붙는 상태가 되면 토마토 페이스트를 넣고 함께 볶습니다.

6. 골고루 잘 볶아지면 중불로 줄인 후, 레드와인을 넣고 알코올이 날아갈 때까지 잘 저어가며 끓입니다.

● 좋은 레드와인을 쓸수록 더 깊은 맛이 납니다.

7. 레드와인이 절반으로 졸아들면 약불로 줄인 후 물 500g에 푼 고체 치킨 스톡 10g을 넣고 끓입니다.

8. 로즈마리, 월계수 잎, 통흑후추, 타임을 넣은 다시백을 **7**에 넣고 끓입니다.

9. 2시간 가량 뭉근하게 끓여준 후 소금과 넛맥 가루를 넣어 마무리합니다.

라자냐

HOW TO MAKE

라자냐

1. 사용할 그릇의 크기에 맞춰 자른 스폴리아를 약 20초간 삶아 찬물에 식힌 후 물기를 제거합니다.

● 여기에서는 달걀 생면 반죽(42p)으로 만든 스폴리아(76p)를 사용했습니다.

● 파스타 툴이 없는 경우 반죽을 1mm 두께로 밀어 편 후 적당한 크기로 잘라 사용합니다.

2. 준비된 라구 소스를 따듯하게 데운 후 베샤멜 소스를 넣고 섞습니다.

● 완성된 라구 소스 전량(약 450g) + 베샤멜 소스 350g = 총 800g

● 베샤멜 소스 대신 크림치즈(끼리 또는 필라델피아)를 사용해도 좋습니다.

3. 라자냐 팬에 먼저 버터를 고르게 바릅니다.

4. 스폴리아를 올립니다.

5. **2**를 160g 넣고 펼칩니다.

6. 강판에 간 파르미지아노 레지아노 치즈 20g을 넣고 펼칩니다.

7. 다시 스폴리아를 올립니다.

8. **5~7** 과정을 총 5번 반복한 후 작게 조각 낸 버터 8조각을 군데군데 올립니다.

9. 호일을 덮고 중앙에 칼집을 살짝 냅니다. 170℃로 예열된 오븐에 넣고 160℃로 온도를 낮춰 40분간 굽다가 호일을 제거하고 2분간 더 굽습니다.

● 바로 드실 경우 그라탕처럼 노릇한 색이 되도록 2분보다 조금 더 굽습니다. 바로 드시지 않을 경우 잘 식혀 냉장(7일) 또는 냉동 보관합니다.

10. 접시에 라구 소스를 담은 후 올리브오일을 뿌립니다.

11. 적당한 크기로 자른 라자냐를 올린 후, 파르미지아노 레지아노 치즈를 뿌리고 이탈리아 파슬리와 후추로 마무리합니다.

Lasagne alla bolognese

라자냐의 기원은 로마 시대까지 거슬러 올라가지만, 오늘날 우리가 알고 있는 형태는 19세기 말 볼로냐 지역에서 정착된 것으로 여겨집니다. 에밀리아로마냐의 중심지이자 '라구의 도시'로 불리는 볼로냐에서 탄생한 라자냐 알라 볼로네제는 단순한 생면 파스타 요리를 넘어섭니다.

이 요리는 이탈리아 각 가정에서 대대로 전해 내려온 시간의 레시피이며, 정성과 기다림이 쌓여 완성되는 음식 문화의 결정체입니다. 특히 할머니가 손녀의 생일을 맞아 정성껏 만들어 가족과 함께 나누어 먹던 전통에서 비롯된, 추억과 유대의 의미를 지닌 요리로 자리해 왔습니다.

Tagliatelle
con **ragù** alla **bolognese**

볼로냐식 라구 소스 탈리아텔레

이탈리아 요리를 배우기 위해 볼로냐에 도착한 첫날, 우연히 들른 작은 식당에서 '탈리아텔레 콘 라구 알라 볼로네제'를 처음 맛봤습니다. 깊게 녹아든 라구 소스와 넓고 납작한 생면이 만들어 내는 밀도 있는 식감은, 제가 그때까지 알고 있던 파스타의 인식을 완전히 바꾸어 놓았습니다.

이 경험을 계기로 라구와 생면의 관계를 제대로 이해하고 싶어졌고, 이후 볼로냐를 중심으로 여러 식당을 찾으며 맛보고 관찰하고 배웠습니다. 그렇게 쌓인 경험은 지금 제 요리의 기준이 되었습니다.

탈리아텔레는 라구 소스를 위해 가장 잘 설계된 면이라 생각합니다. 넓은 면이 소스를 감싸 안으며 하나의 맛으로 이어지는 구조는, 볼로냐에서의 시간과 배움을 다시 떠올리게 합니다. 이 파스타는 제 요리 인생의 출발점과도 같은 메뉴입니다.

ingredients (1인 분량)

탈리아텔레 생면 (72p 페투치네 커터 제면)	100g
라구 소스 (98p)	125g
물 또는 치킨 스톡	적당량
소금	적당량
후추	적당량
우유 또는 생크림	40g
엑스트라 버진 올리브오일	적당량
파르미지아노 레지아노 치즈	적당량
이탈리아 파슬리	적당량

HOW TO MAKE

1. 탈리아텔레 생면을 준비합니다.

● 여기에서는 달걀 생면 반죽(42p)을 페투치네 커터로 제면(72p)해 사용했습니다.

● 파스타 툴이 없는 경우 반죽을 1mm 두께로 밀어 편 후, 6~8mm 너비로 자릅니다. (74p 참고)

2. 라구 소스에 물 또는 치킨 스톡 적당량을 넣어 농도를 맞추고, 소금과 후추로 간을 합니다.

● 치킨 스톡을 사용할 경우 물 500g에 고체 치킨 스톡 10g을 넣고 풀어 사용합니다.

3. 우유 또는 생크림을 넣고 끓입니다.

4. 라구 소스가 준비되면 0.5% 농도의 소금물에 생면을 넣고 1분 30초간 삶습니다.

5. 삶은 생면을 준비된 라구 소스에 넣고 고르게 유화되도록 만테카레합니다.

6. 올리브오일을 뿌립니다.

7. 파스타를 접시에 담습니다.

8. 라구 소스를 붓고 파르미지아노 레지아노 치즈를 뿌립니다.

9. 이탈리아 파슬리, 후추, 올리브오일을 뿌려 마무리합니다.

Tagliatelle con ragù alla bolognese

라자냐보다 더 대중적으로 즐겨온 생면 파스타인 탈리아텔레 콘 라구 알라 볼로네제는 볼로냐 어느 곳에서나 만날 수 있는 음식입니다. 그러나 이 요리는 결코 가볍거나 흔한 한 끼로 여겨지지 않습니다. 오랜 시간과 정성을 들여 완성되는 음식으로, 에밀리아로마냐 사람들에게는 고향의 맛이며, 외지인에게는 이탈리아의 정서를 느낄 수 있는 상징적인 요리입니다.

라구 소스는 어느 하나의 과정도 생략하지 않고 충분한 시간과 정성을 들여 완성해야 하며, 생면 파스타는 반드시 넓고 긴 탈리아텔레를 사용합니다. 라구 소스는 탈리아텔레와 함께 먹어야 한다는 인식이 볼로냐 사람들에게는 하나의 규범처럼 받아들여질 만큼 확고하게 자리해 왔습니다. 생면 사이사이에 스며든 라구 소스를 포크로 감아 먹는 경험은 단순히 음식을 맛보는 차원을 넘어, 볼로냐라는 도시와 그들이 이어 온 문화를 함께 만나는 시간으로 이어집니다.

역사적 흐름 속에서 다양한 정치·문화적 기록과 레시피가 혼재해 왔지만, 생면 파스타 장인의 도시 볼로냐에서는 지금도 이러한 전통이 변함없이 이어지고 있습니다.

Tajarin
al **tartufo**

트러플 타야린

타야린 반죽의 가장 큰 특징은 노른자의 비중에 있습니다. 일반적인 계란 생면과 달리 노른자를 풍부하게 사용해 선명한 황금빛과 강한 탄력, 깊은 향을 만들어 냅니다. 전통적으로는 반죽을 부드럽게 하기 위해 흰자나 물을 더하는 것을 금기시해 왔으며, 소량의 올리브오일만으로 반죽의 균형을 맞춥니다. 노른자의 비율은 지역과 해석에 따라 다르지만, 순수주의자들은 밀가루 1kg에 노른자 30개를 사용하기도 하며, 보다 일반적으로는 노른자 10~15개에 전란을 섞는 방식이 널리 알려져 있습니다.

이 책에서는 이러한 전통을 바탕으로, 송로버섯의 향을 가장 단순하고 우아하게 전달하는 타야린 알 타르투포를 소개합니다. 길고 가늘며 향과 식감이 뛰어난 부드러운 황금빛 생면으로, 피에몬테 전통 파스타의 본질을 온전히 느낄 수 있도록 구성했습니다.

ingredients (1인 분량)

타야린 생면 (72p 스파게티 커터 제면)	100g
발효 버터 (무염)	10g
소금	적당량
후추	적당량
파르미지아노 레지아노 치즈	적당량
알바산 화이트 트러플	적당량

HOW TO MAKE

1. 타야린 생면을 준비합니다.

● 여기에서는 달걀 생면 반죽(42p)을 스파게티 커터로 제면(72p)해 사용했습니다.

● 노른자를 풍부하게 사용해 선명한 황금빛과 강한 탄력, 깊은 향을 만들고 싶다면 42p 달걀 생면 반죽 배합의 달걀(전란)을 동량의 노른자로 바꿔 만듭니다.

● 파스타 툴이 없는 경우 반죽을 1mm 두께로 밀어 편 후, 2mm 너비로 자릅니다. (74p 참고)

2. 0.5% 농도의 소금물에 생면을 넣고 1분 20초간 삶습니다.

● 면수는 전분을 함유하고 있어 소스와 면을 자연스럽게 에멀전하는 데 유용하므로 버리지 않고 남겨 둡니다.

3. 예열한 팬에 발효 버터와 면수 2국자를 넣어 버터를 녹입니다.

4. 타야린 생면을 건져 팬에 넣고 면수와 버터가 분리되지 않도록 고르게 유화해 하나의 소스처럼 어우러지게 만테카레합니다.

5. 사진과 같이 소스가 적절히 유화되면 맛을 보고 소금과 후추로 간을 맞춥니다.

6. 접시에 담고 트러플 전용 슬라이서로 트러플을 슬라이스해 올려 바로 먹거나 서브합니다.

● 기호에 따라 치즈를 추가해도 좋습니다. 잘 삶아진 생면과 향이 좋은 발효 버터 소스만으로도 충분히 맛있는 파스타가 됩니다.

● 트러플은 화이트 트러플, 윈터 트러플 순으로 향이 뛰어나며, 그중에서도 알바산 화이트 트러이 최고로 여겨집니다. 반면 블랙 트러플은 향이 비교적 약하게 느껴지는 편이므로, 사용할 경우 트러플 오일을 함께 더해 향을 보완하는 것이 좋습니다.

타야린 알 타르투포(Tajarin al Tartufo)는 피에몬테주 랑게 지역을 중심으로 전해 내려오는 전통 생면 파스타입니다. 타야린은 다른 지역에서 탈리올리니로 불리는 가느다란 달걀면으로, 카펠리니보다 넓고 탈리아텔레보다 얇은 형태를 지닙니다. 랑게와 몬페라토 지역의 농가에서 시작되어 15세기 무렵부터 피에몬테 전역으로 퍼졌다고 전해집니다.

전통적으로 타야린은 지역색이 강한 양념과 함께 즐겨 왔습니다. 랑게 지역에서는 코모디노라 불리는 라구 소스와 곁들이는데, 라드와 세이지, 로즈마리, 가금류나 토끼의 간과 신장, 심장 등을 사용해 최소 2시간 이상 조리해 깊은 맛을 냅니다. 이와 함께 브라의 살시차나 아로스토 소스와도 잘 어울리며, 쿠네오 지역에서는 판체타와 양파, 레드와인을 베이스로 한 소스를 사용하기도 합니다. 그중에서도 송로버섯과의 조합은 타야린의 풍미를 가장 직접적으로 드러내는 방식으로 널리 알려져 있습니다.

Tagliolini
agli **spinaci** alla **Norma**

노르마 스타일 시금치 탈리올리니

알라 노르마는 다양한 방식으로 조리됩니다. 메시나에서는 구운 리코타를 사용하고, 카타니아에서는 짭짤한 리코타를 사용해 지역별 차이를 드러냅니다. 숏 파스타 대신 롱 파스타를 사용하기도 하며, 가지는 조각으로 튀기거나 입방체로 손질해 조리합니다. 튀김 대신 구운 가지를 사용해 보다 가벼운 스타일로 완성하기도 하며, 여기에 모차렐라 치즈를 더해 오븐에 구우면 또 다른 형태의 노르마 파스타로 확장할 수 있습니다. 가지 대신 고추나 애호박을 사용해 노르마 스발리아타라 부르는 변형을 만들기도 합니다.

이 책에서는 이러한 전통을 바탕으로, 시금치를 더한 탈리올리니에 알라 노르마의 맛을 담아 보다 섬세하고 균형 잡힌 한 그릇으로 완성했습니다.

ingredients (2인 분량)

탈리올리니 생면	200g		셀러리 줄기	75g
(72p 스파게티 커터 제면)			마늘	75g
			방울토마토	75g
가지 튀김			홀 토마토	400g
가지 (굵은 것)	1개		(라피아만테 산마르자노 홀 캔)	
꽃소금	적당량		엑스트라 버진	
세몰리나	적당량		올리브오일 (시칠리아산)	적당량
식용유	적당량		소금	적당량
			후추	적당량
			바질 잎	5g
			페코리노 치즈	적당량
			리코타 치즈	75g

가지 튀김

2

HOW TO MAKE

가지 튀김

1. 세척해 충분히 건조한 가지는 꼭지와 반대편 끝을 잘라낸 뒤, 길이 방향으로 3~4등분하고 크기에 따라 다시 2~4등분해 길쭉한 형태로 손질합니다.

2. 손질한 가지에 꽃소금을 고르게 뿌려 30분간 수분을 뺍니다.

3. 수분을 뺀 후에는 흐르는 물에 가볍게 씻고, 물기를 완전히 제거합니다.

4. 물기를 제거한 가지에 세몰리나를 얇게 도포합니다.

● 봉지에 넣고 흔들어주면 편리합니다.

5. 180℃로 예열된 식용유에 **4**를 넣고 노릇하게 익을 때까지 튀깁니다.

● 튀김 솥이 작을 경우 나누어 튀깁니다.

6. 튀긴 가지는 건져내어 소금을 소량 뿌려 둡니다.

HOW TO MAKE

조리

1. 셀러리 줄기는 깨끗이 씻어 잎을 다듬고 섬유질을 제거한 뒤, 작은 큐브 형태(브루누아즈)로 썰어 줍니다.

2. 마늘도 셀러리 줄기와 비슷한 크기의 큐브 형태(브루누아즈)로 썰어 줍니다.

3. 방울토마토는 반으로 자릅니다.

4. 홀 토마토를 손으로 고르게 으깹니다.

● 블렌더, 믹서, 핸드 블렌더 사용은 지양합니다.

5. 팬에 올리브오일을 두르고 마늘을 넣어 볶다가 색이 나기 전에 셀러리를 넣어 함께 볶습니다.

6. 방울토마토와 으깬 홀 토마토를 넣습니다.

7. 소금과 후추로 간을 맞춥니다.

8. 탈리올리니 생면을 준비합니다.

● 여기에서는 달걀 생면 반죽(42p)을 스파게티 커터로 제면(72p)해 사용했습니다.

● 파스타 툴이 없는 경우 반죽을 1mm 두께로 밀어 편 후, 2mm 너비로 자릅니다. (74p 참고)

9. 0.5% 농도의 소금물에 생면을 넣고 약 1분 20초간 삶습니다.

10. 면을 건져 토마토 소스에 넣고 고르게 유화되도록 만테카레합니다.

11. 바질 잎을 손으로 적당히 찢어 넣습니다.

● 바질 일부는 장식용으로 남겨 둡니다.

12

13

14

15

HOW TO MAKE

12. 접시에 면과 소스를 담습니다.

13. 따뜻하게 유지한 튀긴 가지를 올립니다.

14. 강판에 간 페코리노 치즈, 올리브오일을 뿌립니다.

15. 바질과 리코타 치즈를 얹습니다.

Tagliolini agli spinaci alla Norma

시금치 탈리올리니 알라 노르마는 시칠리아를 대표하는 파스타 알라 노르마의 전통적인 풍미를 생면 파스타로 재해석한 요리입니다.

알라 노르마라는 이름의 유래에는 두 가지 이야기가 전해집니다. 하나는 시칠리아의 극작가 니노 마르토글리오가 벨리니의 오페라 노르마를 본 뒤, 가지와 토마토, 리코타 치즈를 곁들인 파스타를 맛보고 그 완성도에 감탄해 '이것은 노르마다'라고 외쳤다는 이야기입니다. 이 표현은 한동안 카타니아 지역에서 '완벽한 결과'를 뜻하는 말로 사용되었다고 전해집니다.

다른 하나는 카타니아 출신의 한 요리사가 같은 지역 출신의 작곡가 빈센초 벨리니에게 경의를 표하기 위해 가지를 넣은 파스타를 만들고, 그의 대표작 이름을 따 노르마라고 명명했다는 설입니다. 당시 유명 인물에게 레시피를 헌정하는 문화가 널리 퍼져 있었던 점을 고려하면 충분히 설득력 있는 이야기입니다.

확실한 사실은 가지를 곁들인 파스타가 이탈리아 남부 전역에 존재하지만, 우리가 알고 있는 파스타 알라 노르마는 카타니아와 메시나 사이의 시칠리아 동부에서 탄생했다고 여겨지며, 9월 23일을 기념일로 지정할 만큼 상징적인 요리라는 점입니다.

Tagliolini
al **Nero** di **Seppia**
ai **Frutti** di **Mare** al **Pomodoro**

먹물 탈리올리니 해산물 토마토 파스타

토스카나 지역에서 동쪽으로 피사를 지나면 비교적 규모가 큰 항구 도시를 만나게 되는데, 이곳이 바로 리보르노입니다. 리보르노는 해산물을 듬뿍 사용해 만드는 스튜인 '까추코 알라 리보르네제(cacciuco alla livornese)'로 잘 알려진 도시이며, 도시 곳곳에는 신선한 해산물을 중심으로 한 요리를 선보이는 레스토랑이 자리하고 있습니다.

세르지오 오또베로 셰프와 함께 일하던 레스토랑에서는 '해산물 파스타에는 토마토와 해산물 외의 재료를 넣지 않는다'는 명확한 원칙 아래, 재료의 맛을 존중하는 기본기를 충실히 따르는 조리법을 배웠습니다. 현재 카밀로 라자네리아에서 선보이고 있는 '비스크 소스를 넣은 새우 먹물 탈리올리니 생면 파스타' 역시 이러한 기조를 바탕으로 완성한 메뉴입니다.

이 레시피는 비스크 소스를 제외한 가정식 버전으로, 리보르노 지역에서 해산물 파스타를 조리하는 전통적인 스타일을 따르고 있습니다.

ingredients (2인 분량)

토마토 소스*

양파	100g
마늘	20g
홀 토마토	800g

(라피아만테 산마르자노 홀 캔)

엑스트라 버진 올리브오일	30g
소금	6g
설탕	4g
바질	5g

❖ 생바질 5g 대신 건바질 1g을 사용해도 좋습니다.

❖ 토마토 통조림의 품질이 좋을수록 자연스러운 단맛을 낼 수 있기 때문에 설탕 사용량을 줄일 수 있습니다.

탈리올리니 생면	180g

(72p 스파게티 커터 제면)

버터	5g
타임	2줄기
새우	4마리
소금	적당량
후추	적당량
바지락	50g
홍합	8개
화이트와인	적당량
대추방울토마토	8알
토마토 소스*	240g
엑스트라 버진 올리브오일	적당량
이탈리아 파슬리	적당량

토마토 소스

HOW TO MAKE

토마토 소스

1. 양파와 마늘은 작은 큐브 형태(브루누아즈)로 썰어 줍니다.

● 푸드프로세서를 사용해도 무방하나, 수분이 과도하게 나오지 않도록 주의합니다.

2. 홀 토마토를 믹싱 볼에 담아 손으로 으깹니다.

● 핸드블렌더나 믹서를 사용해도 되지만, 토마토 특유의 붉은빛이 아닌 옅은 분홍빛으로 변합니다.

3. 엑스트라 버진 올리브오일을 두른 팬에 양파와 마늘을 넣고 중불에서 색이 너무 강하게 나지 않게 주의하며 볶습니다.

● 불이 너무 강하면 쉽게 탈 수 있으므로 주의합니다.

4. 마늘의 색이 변하기 시작할 때 으깬 토마토를 넣고, 중불을 유지한 채 바닥이 눌어붙지 않도록 저어 줍니다.

5. 끓기 시작하면 분량의 소금과 설탕을 넣습니다.

● 토마토의 산미가 강할 경우에는 설탕을 조금 더 추가하고, 녹을 때까지 고루 섞습니다.

6. 생바질을 손으로 찢어 넣고 약 2분간 더 저어 줍니다.

● 바질 러브드로 대체해도 됩니다.

7. 충분히 섞은 뒤 불을 끄고, 팬째로 얼음물에 담가 빠르게 식힙니다.

조리

HOW TO MAKE

조리

1. 팬에 버터와 타임을 넣고 중불로 가열합니다.

● 강불로 가열하면 버터가 탈 수 있으므로 주의합니다.

2. 버터가 녹으면 새우를 넣고 소금과 후추로 간을 맞춥니다.

3. 새우가 앞뒤로 노릇하게 익으면 타임과 함께 팬에서 꺼냅니다.

4. 동일한 팬에 깨끗하게 해감한 바지락과 홍합을 넣고 익힙니다.

5. 화이트와인을 넣고 약 1분간 뚜껑을 덮었다가 다시 열어 알코올을 불로 날리는 플람베 작업을 합니다.

● 플람베는 조리 과정에서 알코올이 들어 있는 술을 넣은 뒤 불을 붙여 알코올을 순간적으로 태워 없애는 기법입니다. 이 과정을 통해 알코올의 자극적인 맛을 빠르게 제거하고, 술에 들어 있는 향 성분만 남겨 요리의 풍미를 살립니다.

6. 면수 120g을 넣고 뚜껑을 닫습니다.

7. 조개 입이 열리면 반으로 자른 대추방울토마토와 토마토 소스를 넣고 약불로 줄여 가열합니다.

● 동시에, 면을 삶기 시작하면 조리 타이밍이 맞아 떨어집니다.

● 사용하고 남은 토마토 소스는 소분해 냉동하면 다양한 요리에 활용하기에 좋습니다.

8. 탈리올리니 생면을 준비합니다.

● 여기에서는 먹물 생면 반죽(52p)을 스파게티 커터로 제면(72p)해 사용했습니다.

● 파스타 툴이 없는 경우 반죽을 1mm 두께로 밀어 편 후, 2mm 너비로 자릅니다. (74p 참고)

9. 0.5% 농도의 소금물에 생면을 넣고 약 1분 20초간 익힙니다.

● 면수는 전분을 함유하고 있어 소스와 면을 자연스럽게 에멀전하는 데 유용하므로 버리지 않고 남겨 둡니다.

HOW TO MAKE

10. 익힌 생면과 새우를 넣고 가열합니다.

11. 엑스트라 버진 올리브오일을 넣고 면수와 오일이 분리되지 않도록
고르게 유화해 하나의 소스처럼 어우러지게 만테카레합니다.

● 면수가 너무 졸아들었다면 조금 더 추가해줍니다. 면수에는 소금이 포함되어 있으므로,
전체적인 간이 과해지지 않도록 사용량에 주의합니다.

12. 소금과 후추로 간을 해 마무리합니다.

13. 생면을 접시에 옮겨 담습니다.

14. 바지락, 홍합, 새우를 올립니다.

15. 소스를 붓고 이탈리아 파슬리를 뿌려 마무리합니다.

Cannelloni di **Manzo**

소고기 칸넬로니

소고기 칸넬로니는 생면 또는 파케리와 같이 큰 튜브 형태의 파스타에 소를 채워 오븐에 구워 완성하는 요리입니다. 간단하게는 건면 파케리를 삶아 소를 채워 사용하기도 하지만, 생면 파스타를 만들어 김밥처럼 소를 길게 짜 넣고 말아 준비하는 방식이 일반적입니다.

칸넬로니의 소는 주로 다진 육류(소고기, 돼지고기, 닭고기)를 사용하거나, 고기 덩어리를 통째로 조리한 뒤 결이 풀어질 때까지 뭉근하게 익혀 준비합니다. 이렇게 조리한 고기는 칼로 곱게 다지거나 기계를 이용해 갈아 부드러운 상태로 만듭니다. 여기에 치즈와 후추 등 기본적인 양념을 더해 소를 완성합니다.

이 가운데 소고기를 활용한 소는 가장 대표적인 구성으로 꼽습니다. 다음에서는 소고기 칸넬로니를 기준으로 소를 준비하는 과정을 소개합니다.

ingredients (4인 분량)

소고기 소

양파	50g
당근	30g
셀러리	30g
엑스트라 버진 올리브오일	적당량
소고기 아롱사태	500g
(소고기 민찌나 다른 부위로 대체 가능)	
소금	적당량
후추	적당량
강력분	적당량
토마토 페이스트	30g
레드와인	1000g
로즈마리	1줄기
타임	5줄기
월계수 잎	3장
주니퍼베리	5알
통흑후추	10알
그라나 파다노 치즈	150g
달걀	1개
넛맥 가루	약간

스폴리아 (76p)	500g

베샤멜 소스

버터	13g
강력분	13g
우유	250g
소금	1.3g
넛맥 가루	약간

그라나 파다노 치즈	적당량
이탈리아 파슬리	적당량
엑스트라 버진 올리브오일	적당량

베샤멜 소스

HOW TO MAKE

베샤멜 소스

1. 팬에서 버터를 타지 않게 녹이면서, 주걱으로 저어 수분을 날립니다.

2. 버터의 수분이 날아가면 강력분을 넣고 주걱으로 저어 줍니다.

3. 아이보리 색으로 변하려 할 때쯤 따뜻하게 데운 우유 약 1/4을 넣고 주걱으로 풀어가며 덩어리지지 않게 섞습니다.

● 우유의 온도는 80°C가 넘지 않도록 합니다.

4. 동일한 과정을 반복하며 덩어리 없는 상태의 매끈한 소스로 완성합니다.

5. 소금으로 간을 맞추고, 넛맥 가루로 맛을 내 마무리합니다.

소고기 소

3

7

HOW TO MAKE

소고기 소

1. 양파, 당근, 셀러리를 작게 큐브 형태(브루누아즈)로 썰어 줍니다.

2. 팬에 올리브오일을 두르고 **1**을 넣고 익힙니다.

3. 소고기 아롱사태를 준비합니다.

● 소고기 아롱사태 대신 다진 소고기나 다른 부위를 사용해도 좋습니다.

4. 아롱사태의 지방과 표면의 근막을 제거합니다.

5. 내부의 근막은 그대로 둔 채 3등분합니다.

6. 소금과 후추로 밑간을 합니다.

7. 강력분을 고르게 도포합니다.

8. 오일을 두른 팬에 넣고 앞뒤로 노릇하게 익힙니다.

9. **2**에 **8**과 토마토 페이스트를 넣고 볶습니다.

● 토마토 페이스트의 풋내가 사라지도록 중불에서 충분히 볶습니다.

10. 아롱사태를 익혔던 팬에 남아 있는 기름을 따라 버린 뒤, 레드와인을 넣고 알코올을 불로 날리는 플람베 작업을 해 팬에 남은 풍미를 더합니다.

고기　소스

11. **9**에 **10**과 다시망에 넣은 로즈마리, 타임, 월계수 잎, 주니퍼베리, 통흑후추를 넣고 중약불로 약 4시간 동안 뭉근하게 끓입니다.

● 끓이는 동안 가끔 재료를 누르지 않고 바닥을 긁듯 저어 주며 고르게 익힙니다.

● 소스가 지나치게 졸아들지 않도록, 끓는 육수나 끓는 물을 조금씩 보태며 양을 유지합니다.

12. 고기가 충분히 부드러워지면 건져 낸 뒤, 남은 소스를 체에 걸러 절반으로 졸아들 때까지 끓여 농도를 맞춥니다.

● 이때 고기와 고기를 끓이면서 얻은 소스는 각종 요리에 데미글라스 소스를 대체해 사용해도 좋습니다. 완성된 소고기 칸넬로니와 함께 곁들여도 잘 어울리며, 버섯과 치즈를 채운 카카오 파고니티를 조리할 때(181p 2번 과정) 추가하면 풍미가 더 좋아집니다.

13. 블렌더에서 잘 갈릴 수 있도록 적당한 크기로 자릅니다.

14. 고기와 고기가 갈릴 정도의 소스를 통으로 옮겨 블렌더로 곱게 갈아 줍니다.

15. 강판에 간 그라나 파다노 치즈와 달걀을 넣고 갈아 줍니다.

● 완성된 소는 파이핑 백에 담아 보관합니다.

16. 소금과 후추 등으로 간을 맞춥니다.

17. 넛맥 가루를 소량 넣어 맛을 냅니다.

18. 만약 질게 느껴진다면 빵가루 소량을 넣고 섞어 되기를 맞춘 후, 이취가 배지 않도록 밀폐해 냉장고에서 30분간 휴지시킵니다.

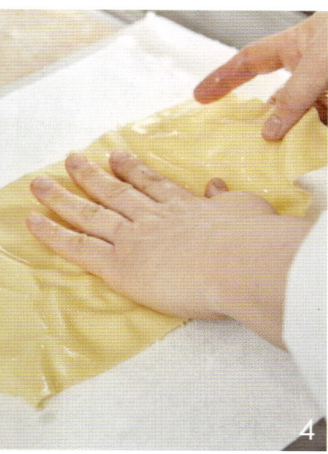

조리

1. 길이를 여유 있게 자른 스폴리아를 준비합니다.

● 여기에서는 달걀 생면 반죽(42p)을 사용했습니다.

● 파스타 툴이 없는 경우 반죽을 1mm 두께로 밀어 편 후 적당한 크기로 잘라 사용합니다.

2. 0.5% 농도의 소금물에 스폴리아를 넣고 약 20초간 삶습니다.

3. 스폴리아가 떠오르면 꺼내 얼음물로 옮깁니다.

4. 키친타월에 스폴리아를 올린 후 다시 덮어 물기를 빼면서 평평하게 만듭니다.

5. 파이핑백 입구를 3cm 정도로 크게 잘라 소를 파이핑합니다.

● 지름 3cm 원형 깍지가 있다면 파이핑 백에 끼워 사용합니다.

6. 스폴리아를 돌돌 말아 줍니다.

7. 15cm 길이 또는 오븐 용기 크기에 맞춰 자릅니다.

● 오븐 용기 자체로 요리를 완성하려면, 사용할 용기에 맞춰 자릅니다.

8. 오븐용 그릇이나 트레이에 베샤멜 소스를 펼친 후, 그 위에 칸넬로니를 올립니다.

9. 칸넬로니 위에 다시 베샤멜 소스를 적당량 바릅니다.

10. 강판에 간 그라나 파다노 치즈를 뿌린 후 200℃로 예열된 오븐에 넣고 185℃로 낮춰 약 10분간 구워 그라탕 상태로 완성합니다.

11. 구워져 나온 칸넬로니를 접시로 옮긴 후 강판에 간 그라나 파다노 치즈, 이탈리아 파슬리, 올리브오일을 뿌려 마무리합니다.

● 기호에 따라 베샤멜 소스, 141p 12번 과정에서 얻어진 소스, 토마토 소스(129p)를 함께 플레이팅해도 좋습니다.

Cannelloni di Manzo

칸넬로니는 또르텔리니, 라자냐, 라비올리에 비해 비교적 역사가 오래된 파스타는 아니라고 알려져 있습니다. 그러나 1960~1970년대에 이르러 이탈리아 전역에서 다양한 버전으로 큰 인기를 끌며 대중적인 요리로 자리 잡았습니다. 당시의 인기를 보여주듯, 'Cannelloni mambo'라는 노래가 함께 유행하기도 했습니다.

음식사 연구가인 루카 체사리(Luca Cesari)는 2020년 8월 25일 이탈리아의 대표적인 음식·와인 전문 미디어이자 평가 기관인 감베로 로쏘(Gambero Rosso)에 기고한 글 〈I cannelloni. Storia, origini e ricetta di un piatto mitico(칸넬로니: 전설적인 요리의 역사, 기원, 그리고 레시피)〉를 통해 칸넬로니의 역사와 기원을 정리하고 있습니다. 이에 따르면, 17세기에도 '칸넬로니'라는 이름의 요리가 존재했으나, 이는 오늘날의 파스타가 아니라 시칠리아 디저트인 깐놀리와 유사한 형태였습니다. 이후 인볼티니와 비슷한 롤 형태나, 마카로니에 소를 채우는 방식 등으로 변주되며 등장합니다.

현재 우리가 익히 알고 있는 생면 파스타 형태의 칸넬로니가 문헌상 처음 명확히 등장하는 시점은 1910년입니다. 이는 알베르토 쿠네가 집필한 『L'arte cucinaria in Italia(이탈리아의 요리 예술)』두 권의 책에서 확인됩니다. 이 책에서는 볼로네제 소스와 베샤멜 소스를 진하게 만들어 마카로니에 소를 채운 조리법이 소개되어 있습니다. 한편, 시칠리아 지역에서는 토마토, 양파, 와인, 달걀을 사용한 소를 채우고 타임과 바질로 풍미를 더한 롤 형태의 파스타로 칸넬로니를 만들어 왔습니다.

이후 칸넬로니는 지역적 특색을 담은 요리로 발전하며, 1960년대부터 2000년대에 이르기까지 이탈리아 전역에서 다양한 레시피로 큰 인기를 누리게 됩니다. 이 책에서 소개하는 메뉴는 이탈리아 중부 지방에서 흔히 볼 수 있는 고기와 치즈를 소로 채워 묵직한 맛을 강조한 스타일과, 리코타 치즈와 새우를 사용해 산뜻하게 완성한 지중해 스타일입니다.

Cannelloni
di **Gamberi** e **Ricotta**

새우 리코타 치즈 칸넬로니

앞서 언급했듯이 칸넬로니는 제2차 세계대전 이후 1960년대
에 이르러 큰 호응을 얻으며, 일요일마다 칸넬로니를 만들어
먹는 문화가 이탈리아 전역으로 퍼졌습니다. 라자냐와 함께
오븐에 구워 먹는 파스타 요리로 자리 잡았으며, 각 가정마다
저마다의 레시피를 발전시켜 왔습니다.

현재 이탈리아의 고급 레스토랑에서는 칸넬로니를 자주 찾아
보기 어렵고, 정형화된 고전 레시피도 남아 있지 않습니다. 그
럼에도 불구하고 라자냐보다 비교적 만들기 쉽고, 재료와 구
성에 따라 다양한 변주가 가능하다는 점에서 여전히 매력적
인 요리로 평가받고 있습니다. 이러한 이유로 많은 요리사들
이 칸넬로니를 코스 요리나 메인 요리로 활용하고 있습니다.

이 책에서는 새우와 리코타 치즈를 활용한 칸넬로니를 소개
합니다. 독자 여러분도 이 레시피를 바탕으로 각자의 취향에
맞는 재료를 더해, 가정마다 개성이 담긴 칸넬로니를 만들어
보시기를 권합니다.

ingredients (4인 분량)

스폴리아 (76p)	500g
리코타 소	
양파	100g
주키니	100g
새우	100g
엑스트라 버진 올리브오일	적당량
리코타 치즈 (벨지오이오조)	100
그라나 파다노 치즈	10g
소금	적당량
후추	적당량
베샤멜 소스 (136p)	적당량
그라나 파다노 치즈	적당량
토마토 소스 (128p)	적당량
엑스트라 버진 올리브오일	적당량
이탈리아 파슬리	적당량
후추	적당량

리코타 소

조리

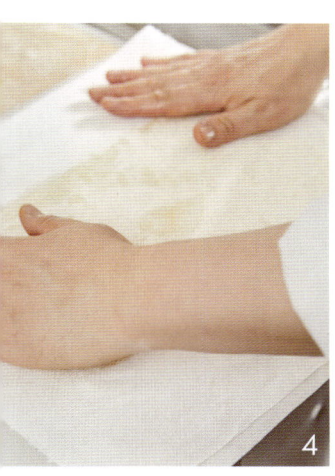

HOW TO MAKE

리코타 소

1. 양파와 주키니를 작게 큐브 형태(브루누아즈)로 썰어 줍니다.

2. 새우는 살만 작게 다집니다.

● 파이핑 백 입구 크기에 맞춰, 재료를 약 1/4 크기로 잘라 사용합니다.

3. 팬에 올리브오일을 두르고 가열합니다.

4. **1**과 **2**를 각각 넣고 익힙니다.

5. 볼에 **4**와 리코타 치즈, 강판에 간 그라나 파다노 치즈, 소금과 후추를 넣고 고르게 섞은 후 냉장고에서 30분간 휴지시킵니다.

● 만약 질게 느껴진다면 빵가루 소량을 넣고 섞어 되기를 맞춘 후, 이취가 배지 않도록 밀폐해 냉장고에서 30분간 휴지시킵니다.

● 휴지시킨 소는 파이핑백에 넣습니다.

조리

1. 길이를 여유 있게 자른 스폴리아를 준비합니다.

● 여기에서는 달걀 생면 반죽(42p)을 사용했습니다.

● 파스타 툴이 없는 경우 반죽을 1mm 두께로 밀어 편 후 적당한 크기로 잘라 사용합니다.

2. 0.5% 농도의 소금물에 스폴리아를 넣고 약 20초간 삶습니다.

3. 스폴리아가 떠오르면 꺼내 얼음물로 옮깁니다.

4. 키친타월에 스폴리아를 올린 후 다시 덮어 물기를 빼면서 평평하게 만듭니다.

5. 파이핑백 입구를 3cm 정도로 크게 잘라 리코타 소를 파이핑합니다.

● 지름 3cm 원형 깍지가 있다면 파이핑 백에 끼워 사용합니다.

6. 오븐용 그릇이나 트레이에 베샤멜 소스를 펼칩니다.

7. 베샤멜 소스 위에 칸넬로니를 올립니다.

8. 칸넬로니 위에 다시 베샤멜 소스를 바릅니다.

9. 강판에 간 그라나 파다노 치즈를 뿌린 후 200℃로 예열된 오븐에 넣고 185℃로 낮춰 약 10분간 치즈 윗면이 갈색으로 노릇해질 때까지 굽습니다.

● 색이 덜 나면 조금 더 굽되, 과도하게 가열하면 소가 밖으로 밀려 나올 수 있으므로 주의합니다.

10. 구워져 나온 칸넬로니를 접시로 옮긴 후 그 주위에 토마토 소스를 담습니다.

11. 올리브오일을 뿌립니다.

12. 강판에 간 그라나 파다노 치즈를 뿌립니다.

13. 이탈리아 파슬리와 후추를 뿌려 마무리합니다.

Gnocchi di **Patate** ai **Frutti** di **Mare**, Stile Livornese

리보르노 스타일 감자 뇨끼와 해산물

한때 한국에서는 생면 파스타에 이어 감자 뇨끼가 큰 인기를 얻었고, 뇨끼만을 전문으로 다루는 바 형태의 음식점도 성행했습니다.

일반적으로 뇨끼는 크림 소스와 함께 즐기거나, 버터와 허브를 더해 가볍게 굽듯이 먹습니다. 때로는 라구 소스, 토마토 소스, 로제 소스, 까르보나라 소스 등과도 좋은 조합을 이룹니다. 그러나 볼로냐의 한 식당에서 접한 해산물 뇨끼는, 마치 소렌토에서 전해 내려오는 이야기처럼 뇨끼의 또 다른 가능성을 보여 주었습니다.

이 경험을 계기로 한국으로 돌아온 뒤, 리보르노를 여행한 볼로냐 요리사가 떠올리듯 이 요리를 다시 구성했습니다. 쫀득한 식감을 원한다면 반죽을 조금 더 치대며 밀가루를 늘릴 수 있지만, 이탈리아에서는 최대한 부드러운 뇨끼를 만들기 위해 밀가루 사용량에 주의를 기울인다는 점을 기억해 두면 좋겠습니다.

ingredients (2인 분량)

중북부 스타일 뇨끼 (60p)	240g	양파	20g
		셀러리	20g
피시 스톡*		대파	20g
생선뼈	500g	엑스트라 버진 올리브오일	적당량
셀러리	30g	마늘	1톨
양파	100g	생선살	50g
월계수 잎	5장	홍합	8개
통흑후추	5알	바지락	50g
물	4L	새우	50g
		피시 스톡*	120g
		화이트와인	30g
		소금	약간
		후추	약간
		토마토 소스 (128p)	240g
		월계수 잎	2장
		이탈리아 파슬리	적당량

❖ 생선뼈는 시장에서 판매하는 서더리(생선을 손질하고 남은 머리, 뼈, 지느러미 등을 한 팩으로 묶어 판매하는 것) 1팩 분량을 사용해도 좋습니다.

피시 스톡

조리

피시 스톡

1. 생선뼈를 흐르는 물에 깨끗하게 씻은 뒤 지느러미, 눈, 아가미를 제거합니다.

2. 생선뼈가 모두 들어가고도 충분한 여유가 있는 냄비에 담습니다.

3. 냄비에 얼음을 가득 채운 뒤 찬물을 붓고, 얼음이 모두 녹으면 물을 버린 후 다시 얼음과 찬물을 채웁니다. 이 과정을 2번 반복하며 하루 동안 냉장고에서 핏물을 제거합니다.

4. 핏물을 제거한 생선을 다시 흐르는 물에 깨끗하게 씻은 후 셀러리, 양파, 월계수 잎, 통흑후추를 냄비에 넣고 물 4L를 붓습니다. 중불에서 약 3시간 끓인 뒤, 국자로 위쪽의 맑은 육수만 떠서 거름망에 걸러 담고 바닥에 가라앉은 찌꺼기는 버립니다.

- 조리 중 물의 온도는 팔팔 끓지 않고 기포만 올라오는 상태인 80~90℃를 유지합니다.
- 끓이는 동안 표면에 떠오르는 거품과 이물질을 제거합니다.
- 완성된 피시 스톡은 식힌 뒤 포션을 나누어 진공 포장해 냉동 보관하고, 사용할 분량만 해동해 사용합니다.

조리

1. 양파, 셀러리, 대파는 채를 썰어 준비합니다.

2. 팬에 올리브오일을 두르고 가열한 후 마늘을 넣어 향을 낸 후 빼 줍니다.

3. 채 썬 셀러리와 양파를 넣고 가볍게 볶습니다.

4. 생선살, 해감한 홍합과 바지락, 새우, 피시 스톡을 넣고 살짝 익힙니다.

5. 화이트와인을 넣고 알코올을 불로 날리는 플람베 작업을 한 후, 소금과 후추로 밑간을 합니다.

6. 피시 스톡을 붓고 뚜껑을 덮어 조개가 입을 열 때까지 익힙니다.

- 피시 스톡 대신 채수를 사용해도 좋습니다.

7. 토마토 소스, 월계수 잎을 넣고 가열합니다.

12

HOW TO MAKE

8. 끓는 물 4L에 뇨끼를 넣고 중불로 낮춰 뇨끼가 떠오를 때까지
약 2분 30초~3분간 익힙니다.

● 라비올리를 익힐 때와 마찬가지로 물이 세게 끓어 대류하지 않도록 유지한 상태에서
익힙니다. 바닥이나 가장자리에서 작은 기포만 올라오는 잔잔한 끓임 상태를 유지하면,
뇨끼가 서로 부딪히거나 형태가 무너지는 것을 방지할 수 있습니다.

9. 조개가 입을 열고 약 1분이 지나면 조개를 꺼내 접시에 담습니다.

● 조개가 있는 상태에서 뇨끼를 넣고 에멀전을 하면 조개껍질이 깨져 식사 시 다칠
위험이 있습니다.

10. 뇨끼가 떠오르면 바로 건져내 **7**에 넣습니다.

● 밀가루나 달걀의 비율이 부족하거나 익히는 온도가 낮을 경우, 뇨끼가 익는 과정에서
퍼질 수 있으니 주의합니다.

11. 올리브오일을 한 바퀴 두르고 소스가 적당히 잘 어우러질 때까지 가열한
후 소금으로 간을 맞춥니다.

12. 조개류가 담긴 접시에 **11**을 담습니다.

13. 이탈리아 파슬리와 올리브오일을 뿌려 마무리합니다.

● 이 요리는 치즈가 어울리지 않으므로, 토핑으로 갈아 올리지 않습니다.

Gnocchi di Patate ai Frutti di Mare, Stile Livornese

뇨끼는 고대 로마 시대부터 유래한 유서 깊은 요리 중 하나로 알려져 있습니다. 다만 감자는 아메리카 대륙이 발견된 이후 유럽 전역에 널리 보급되었기 때문에, 그 이전의 뇨끼는 오늘날 우리가 익히 알고 있는 감자 뇨끼와는 형태와 재료 면에서 큰 차이가 있었을 것으로 생각됩니다.

캄파니아 지역의 소렌토에는 '뇨끼 데이(Gnocchi Day)'가 있을 정도로 뇨끼의 전통이 깊게 자리하고 있습니다. 2025년 5월 6일 자 감베로 로쏘에 실린 발레리아 마페이(Valeria Maffei)의 기고문 「La vera ricetta dello gnocco alla sorrentina, amato anche dagli chef stellati(별을 받은 셰프들까지 사랑한 진짜 소렌토식 뇨끼 레시피)」에 따르면, 오늘날 우리가 알고 있는 감자 뇨끼는 16세기경 캄파니아 지역에서 정착한 것으로 전해집니다.

전설에 따르면, 소렌토 중심부의 타소 광장이 내려다보이는 한 선술집에서 감자라는 이국적인 덩이줄기의 풍미에 매료된 한 요리사가 새로운 레시피를 고안해 냈다고 합니다. 그는 감자를 삶아 으깬 뒤 소량의 밀가루를 섞어 부드러운 반죽을 만들고, 조리 중 부서지는 것을 막기 위해 돌처럼 작고 둥근 형태로 잘라 냈습니다. 이때 방언으로 '육두구'를 뜻하는 'nocchio'에서 'gnocco'라는 이름이 유래되었다고 전해집니다.

이 레시피는 곧 큰 인기를 얻었고, 감자 뇨끼를 지나치게 많이 먹은 한 수도원장이 목이 메었다는 일화도 전해집니다. 이후 이 뇨끼는 그 맛이 지나치게 뛰어나 수도자의 절제심마저 위태롭게 만든다는 의미에서 '스트랑굴라프리베테(strangulaprievete)'라는 별칭으로 불리게 되었습니다.

Gnocchi di **Patate** al **Forno**
con **Lenticchie** e **Besciamella,**
Stile Romano

로마 스타일 구운 감자 뇨끼와 렌틸콩, 베샤멜 소스

로마 스타일의 뇨끼는 일반적으로 감자를 사용하지
않습니다. 이 요리는 로마에서 먹은 뇨끼에서 형태와
조리 방식의 영감을 얻고, 여기에 감자를 더해 재해석
한 하이브리드 감자 뇨끼입니다. 세몰라를 사용하되
감자를 충분히 넣어, 전통과 변형이 공존하도록 구성
했습니다.

보통 감자 뇨끼는 작은 애벌레 형태로 만들어 뇨끼 보
드나 포크 위에 굴려 모양을 냅니다. 반면 로마에서는
감자 없이 세몰라만으로 반죽해 메달 모양으로 빚은
뒤 오븐에 구워 먹는 방식이 익숙합니다.

이탈리아에서는 새해가 되면 동전 모양의 렌틸콩과
꼬떼끼노라 불리는 전통 돼지고기 소시지를 곁들여
먹으며 풍요를 기원하는 풍습이 있습니다. 이러한 의
미를 담아 메달 모양의 뇨끼에 렌틸콩을 곁들여, 한
해의 풍요로움을 기원하는 마음을 함께 담았습니다.

ingredients (2인 분량)

로마 스타일 뇨끼 (64p)	240g
샬롯	30g
판체타	50g
물 또는 치킨 스톡	적당량
렌틸콩	10g
엑스트라 버진 올리브오일	적당량
세이지	4장
그라나 파다노 치즈	적당량
베샤멜 소스 (136p)	100g
소금	적당량
후추	적당량

❖ 판체타는 베이컨이나 관찰레로
대체해도 좋습니다.

HOW TO MAKE

1. 샬롯을 잘게 다집니다.

2. 판체타를 작게 자릅니다.

3. 팬에 판체타를 넣고 가볍게 볶은 후 샬롯을 넣고 볶습니다.

4. 전날 미리 불려둔 렌틸콩과 물 또는 치킨 스톡을 적당량을 넣고 익힙니다.

● 치킨 스톡을 사용할 경우 물 500g에 고체 치킨 스톡 10g을 넣고 풀어 사용합니다.

5. 올리브오일을 두른 팬에 세이지를 넣고 향이 우러나면 세이지를 꺼냅니다.

6. 5에 뇨끼를 넣고 앞뒤가 노릇해지도록 익힙니다.

7. 불에서 내린 후 강판에 간 그라나 파다노 치즈를 뿌려 185℃로 예열된 오븐에서 약 4분간 굽습니다.

8. 접시에 베샤멜 소스를 담습니다.

9. 베샤멜 소스 주위에 올리브오일을 뿌립니다.

10. 베샤멜 소스 위에 3을 군데군데 올립니다.

11. 구운 뇨끼에 강판에 간 그라나 파다노 치즈를 뿌린 후 접시에 담습니다.

12. 5에서 사용한 세이지를 올린 후 소금과 후추를 뿌려 마무리합니다.

Gnocchi di Patate al Forno
con Lenticchie e Besciamella, Stile Romano

로마 스타일 뇨끼라고 하면 일반적으로 감자와 밀가루를 사용하지 않고, 세몰라가루에 버터, 우유, 치즈를 더해 오븐에 구워 완성하는 그라탕 형태의 요리를 떠올리게 됩니다. 이는 흔히 '뇨끼 알라 로마나(Gnocchi alla Romana)'로 알려진 조리법입니다.

2020년 8월 2일 자 감베로 로쏘에 실린 Michella Vecchi의 기고문에 따르면, 로마식 뇨끼에 사용되는 버터와 파르미자노 치즈는 이 요리의 기원을 둘러싼 혼란을 자주 불러일으켜 왔습니다. 실제로 라치오 지역 요리에서는 이 두 재료를 거의 사용하지 않으며, 엑스트라 버진 올리브오일과 페코리노 치즈를 더 선호하는 것이 일반적입니다. 이로 인해 일부 미식가들은 로마식 뇨끼를 피에몬테 지역 요리로 오해하기도 합니다.

그러나 Pellegrino Artusi는 그의 저서 『La scienza in cucina(요리 속의 과학)』에서 뇨끼를 언급하며 그 존재를 기록했고, Ada Boni는 『La cucina romana(로마 요리)』에서 이 요리를 '사라진 로마의 전통'이라 표현하며 보존해야 할 고유한 음식 문화로 소개했습니다. 그는 로마인들이 무언가를 기념하는 모든 모임에 이 요리를 곁들여 먹었다고 전합니다.

이 책에서 소개하는 뇨끼는 재료 구성만 보면 캄파니아 지역에 기원을 둔 소렌토 스타일의 일반적인 감자 뇨끼와 유사합니다. 그러나 반죽에 세몰라가루를 더하고, 실린더 형태로 빚어 메달 모양으로 자른 뒤 향을 낸 오일에 굽고 다시 오븐에 구워 완성하는 방식은 로마식 뇨끼의 조형적 특징을 따르고 있습니다. 이러한 조리법에서 착안해 '로마 스타일 구운 감자 뇨끼'라는 이름을 붙였습니다.

이 메뉴는 카밀로의 두 번째 레스토랑이었던 첸토페르첸토에서 시작해, 세 번째 매장인 카밀로 한남에서 여름마다 큰 인기를 끌었던 메뉴이기도 합니다.

Ravioli di ricotta e **limone** al **burro**

레몬 버터로 맛을 낸 리코타 치즈 라비올리

이탈리아 라비올리 가운데 가장 기본적인 구성을 꼽자면, 레몬 리코타 라비올리를 들 수 있습니다. 가정에서 비교적 간단하게 만들 수 있으며, 맛과 밸런스가 뛰어나 식사의 시작을 알리는 전채 요리(안티파스토, antipasto)로도, 코스의 중심이 되는 첫 번째 파스타 요리(프리모 피아토, primo piatto)로도 잘 어울립니다.

시판 리코타 치즈와 레몬만 있으면 손쉽게 소를 완성할 수 있고, 여기에 허브나 치즈, 채소 등을 더해 다양한 라비올리로 확장할 수 있습니다.

이 레시피는 라비올리 소의 기본 구조를 이해하기 위한 출발점이자, 응용을 위한 기준이 되는 구성입니다.

ingredients (4인 - 약 24ea 분량)

스폴리아 (76p)	600g
달걀물	달걀과 물 1:1 비율

라비올리 소

리코타 치즈	400g
그라나 파다노 치즈	30g
레몬즙	레몬 1/2개 분량
후추	약간
넛맥 가루	약간
레몬 제스트	레몬 1/2개 분량

버터	40g
소금	적당량
그라나 파다노 치즈	적당량
후추	약간
엑스트라 버진 올리브오일	적당량

라비올리 소

라비올리 소

1. 볼에 전날 채반에 올려 물기를 최대한 제거한 리코타 치즈를 넣습니다.

2. 강판에 간 그라나 파다노 치즈, 레몬즙, 후추, 넛맥 가루를 넣습니다.

3. 고무 주걱으로 고르게 섞습니다.

● 기호에 따라 소금을 더해도 좋습니다.

4. 레몬 제스트를 넣고 섞습니다.

● 조리 단계에서 사용할 레몬 제스트 소량을 남겨둡니다.

5. 만약 질게 느껴진다면 빵가루 소량을 넣고 섞어 되기를 맞춘 후, 이취가 배지 않도록 밀폐해 냉장고에서 30분간 휴지시킵니다.

6. 파이핑백에 라비올리 소를 넣습니다.

리코타 치즈 사용 전 물기 제거하기

리코타 치즈는 사용 전에 충분히 물기를 제거하는 것이 중요합니다. 면보에 리코타 치즈를 담아 차이나 캡(원뿔형의 촘촘한 금속 메쉬 체)에 올린 뒤, 위에 깨끗한 돌이나 무거운 도구를 얹어 냉장 상태에서 하루 동안 두어 물기를 최대한 빼 줍니다. 이때 냉장고의 이취가 배지 않도록 리코타 치즈와 채반 전체를 랩으로 감싸 주는 것이 좋습니다.

리코타 치즈의 수분이 충분히 제거되지 않으면 소가 묽어지고, 성형이나 조리 과정에서 형태가 쉽게 무너질 수 있습니다. 책에서 소개한 것처럼 빵가루를 섞어 질감을 보완할 수도 있으나, 이는 보완적인 방법에 가깝습니다. 리코타 치즈의 물기를 충분히 빼면 빵가루 사용을 최소화할 수 있으며, 그만큼 치즈 본연의 풍미가 살아 있는 소를 완성할 수 있습니다.

라비올리 성형

HOW TO MAKE

라비올리 성형

1. 길이를 여유 있게 자른 스폴리아 2장을 준비합니다.

● 여기에서는 달걀 생면 반죽(42p)으로 만든 스폴리아(76p)를 사용했습니다.

● 파스타 툴이 없는 경우 반죽을 1mm 두께로 밀어 편 후 적당한 크기로 잘라 사용합니다.

● 윗면이 될 반죽은 소를 덮어야 하므로, 아랫면이 될 반죽보다 5cm 더 넓게 잘라
준비합니다.

● 아랫면이 되는 스폴리아에 소를 파이핑하는 동안, 윗면으로 사용할 스폴리아는 마르지
않도록 반드시 비닐로 덮어 보관합니다. 표면이 건조해질 경우 작업 시 크랙이 생길 수
있기 때문입니다.

2. 작업대에 스폴리아를 놓고 달걀물을 얇게 바릅니다.

● 달걀물은 노른자와 정숫물을 1:1 비율로 섞어 사용합니다. 이때 흰자나 달걀 알끈이
섞여 있을 경우 핀셋으로 제거합니다.

● 달걀물을 두껍게 바르면 성형 시 잘 붙지 않을 수 있으니 얇고 고르게 펴 바릅니다.

3. 라비올리 소를 파이핑합니다.

● 파이핑한 라비올리 소 만큼의 간격을 두고 파이핑합니다.

4. 스폴리아를 덮어 줍니다.

5. 스폴리아가 잘 붙을 수 있게 라비올리 소 주위를 손으로 눌러
고정시켜줍니다.

● 라비올리 안에 공기가 남지 않도록 성형합니다. 공기가 들어가면 삶는 과정에서 충분히
익지 않았더라도 떠오를 수 있어 익힘 상태를 판단하기 어렵습니다.

6. 라비올리 커터를 이용해 가장자리를 깔끔하게 정리합니다.

7. 일정한 크기로 자릅니다.

8. 완성된 라비올리는 바로 사용하거나, 1개월간 냉동 보관하며 사용합니다.

조리

HOW TO MAKE

조리

1. 작은 기포가 올라올 정도의 끓는 물에 라비올리를 넣고 익힙니다.

2. 라비올리가 떠오르면 바로 꺼냅니다.

● 평균적으로 2~3분이면 떠오르며, 냉동 보관한 라비올리는 3분 정도 걸립니다. 공기가
  많이 들어간 라비올리는 더 빨리 떠오르므로, 이 경우 시간과 상태 모두 체크합니다.

● 면수는 전분을 함유하고 있어 소스와 면을 자연스럽게 에멀전하는 데 유용하므로
  버리지 않고 남겨 둡니다.

3. 팬에 면수 약 100g을 넣고 가열합니다.

4. 끓기 시작하면 버터를 넣고 소금으로 간을 맞춥니다.

5. 레몬 제스트를 넣습니다.

6. 면수가 너무 졸아들었다면 조금 더 추가합니다.

● 면수에는 소금이 포함되어 있으므로, 전체적인 간이 과해지지 않도록 사용량에
  주의합니다.

7. 라비올리를 넣습니다.

8. 면수와 버터가 분리되지 않도록 고르게 유화해 하나의 소스처럼
   어우러지게 만테카레합니다.

9. 라비올리를 접시에 옮겨 담고 소스를 적당량 붓습니다.

10. 기호에 따라 강판에 간 그라나 파다노 치즈, 후추, 올리브오일을 추가해
    마무리합니다.

Fagottini al cacao
ripieni di funghi e formaggi

버섯과 치즈를 채운 카카오 파고티니

파고티니(fagottini)는 '자루'라는 뜻으로, 두세 가지 형태의 라비올리를 통칭하는 이름입니다. 그중에서도 우리나라의 편수, 즉 만두와 가장 닮은 형태의 라비올리가 바로 이 파고티니이며, 만드는 방식 또한 유사합니다.

앞서 반죽 파트에서 설명했듯이 파우더를 활용하면 색과 향, 맛을 다양하게 표현할 수 있습니다. 이 레시피에서는 카카오를 사용하지만, 디카페인 커피 원두 가루로 대체해도 깊이 있는 풍미의 파스타를 완성할 수 있습니다.

가을에 잘 어울리는 버섯 소를 채워, 계절감과 향미를 함께 즐길 수 있는 라비올리입니다.

ingredients (4인 분량)

스폴리아 (76p)	400g	건조 포르치니를 불렸던 물	100g
버섯 소		버터	40g
표고버섯	100g	소금	적당량
양송이버섯	100g	후추	적당량
느타리버섯	100g	페코리노 치즈	적당량
엑스트라 버진 올리브오일	적당량	엑스트라 버진 올리브오일	적당량
소금	적당량	이탈리아 파슬리	적당량
후추	적당량		
불린 후 물기를 짠 건조 포르치니 버섯	50g		
크림치즈 또는 리코타 치즈	150g		
페코리노 치즈	15g		

버섯 소

HOW TO MAKE

버섯 소

1. 표고버섯, 양송이버섯, 느타리버섯 모두 2cm 크기로 균일하게
   자릅니다.

2. 달궈진 팬에 올리브오일을 적당히 두릅니다.

3. 버섯을 넣고 수분이 증발할 때까지 볶습니다.

● 처음 볶을 때는 물기가 없지만, 가열하면서 수분이 나오기 시작합니다. 이 수분이
   완전히 증발할 때까지 볶아 버섯의 향을 농축합니다.

4. 버섯이 90% 정도 익으면 소금과 후추로 간을 맞춥니다.

5. 볶은 버섯은 넓은 팬에 펼쳐 식힙니다.

6. 버섯이 식으면 비커에 넣고 푸드프로세서나 바믹서를 이용해
   갈아 줍니다.

7. 불린 후 물기를 꼭 짠 건조 포르치니 버섯을 비커에 함께 넣고
   갈아 줍니다.

● 건조 포르치니 버섯은 사용하기 전날 정숫물 500g에 담가 냉장고에서 불려
   준비합니다. 불려둔 물은 버리지 않고 소스를 만드는 과정에서 사용합니다.

● 건조 포르치니 버섯과 같은 수입산 버섯이나 향이 뛰어난 고급 버섯을 사용하면 풍미가
   한층 더 깊어집니다.

8. 크림치즈, 강판에 간 페코리노 치즈, 소금, 후추를 넣고 고르게
   섞습니다.

9. 만약 질게 느껴진다면 빵가루 소량을 넣고 섞어 되기를 맞춘 후, 이취가
   배지 않도록 밀폐해 냉장고에서 30분간 휴지시킵니다.

10. 완성된 버섯 소는 파이핑백에 담습니다.

파고티니 성형

HOW TO MAKE

파고티니 성형

1. 길이를 여유 있게 자른 스폴리아 2장을 준비합니다.

● 여기에서는 카카오 생면 반죽(56p)으로 만든 스폴리아(76p)를 사용했습니다.

● 파스타 툴이 없는 경우 반죽을 1mm 두께로 밀어 편 후 적당한 크기로 잘라 사용합니다.

2. 라비올리 커터 또는 멀티 휠 도우 커터를 이용해 7cm 정사각형으로 자릅니다.

3. 버섯 소를 파이핑합니다.

● 작업 속도가 빠르지 않을 경우 스폴리아를 랩이나 비닐로 덮어 두고, 사용할 만큼만 조금씩 꺼내며 작업합니다. 스폴리아가 건조되면 성형 과정에서 찢어지거나 형태가 쉽게 망가질 수 있습니다.

4. 적당한 양으로 파이핑한 후 핀셋으로 버섯 소를 잘라주면 편리합니다.

5. 스폴리아의 네 꼭짓점을 하나씩 가운데로 접어, 꼭짓점들이 중앙에서 만나도록 사각뿔 모양으로 만듭니다.

● 이때 반죽이 잘 붙지 않는다면 물을 살짝 묻힌 후 작업합니다.

● 파고티니 안에 공기가 남지 않도록 성형합니다. 공기가 들어가면 삶는 과정에서 충분히 익지 않았더라도 떠오를 수 있어 익힘 상태를 판단하기 어렵습니다.

6. 완성된 파고티니는 바로 사용하거나, 1개월간 냉동 보관하며 사용합니다.

조리

HOW TO MAKE

조리

1. 팬에 건조 포르치니를 불렸던 물 100g을 넣고 가열합니다.

2. 끓기 시작하면 버터를 넣고 섞어, 분리되지 않고 하나의 소스처럼 고르게 어우러지도록 섞습니다.

● 소고기 주(고기를 조리하거나 끓이는 과정에서 얻은 농축된 육즙과 육수) 또는 데미글라스 소스(시판 또는 141p 12번 과정에서 나온 소스)를 더하면 풍미가 한층 깊어집니다.

3. 소금과 후추를 넣어 간을 맞춥니다.

4. 작은 기포가 올라올 정도의 끓는 물에 파고티니를 넣고 익힙니다.

5. 파고티니가 떠오르면 바로 꺼냅니다.

● 평균적으로 2~3분이면 떠오르며, 냉동 보관한 라비올리는 3분 정도 걸립니다. 공기가 많이 들어간 파고티니는 더 빨리 떠오르므로, 이 경우 시간과 상태 모두 체크합니다.

6. 3에 5를 넣고 소스를 고르게 뿌려가며 가열합니다.

7. 적당한 농도가 되면 접시에 파고티니를 담고 소스를 뿌립니다.

8. 기호에 따라 필러로 얇게 썬 페코리노 치즈를 더해도 좋습니다.

9. 올리브오일, 이탈리아 파슬리를 뿌립니다.

10. 후추를 더해 마무리합니다.

Tortellini in brodo
alla **bolognese**

볼로냐 스타일 또르텔리니 인 브로도

이탈리아에서 유학하던 시절, 쉬는 날 숙소에서 가볍게 만들어 먹곤 하던 요리가 바로 또르텔리니 인 브로도였습니다. 에밀리아로마냐 지역에서는 마트 어디에서나 미리 만들어 둔 생면 또르텔리니를 쉽게 구할 수 있었고, 다도 (dado, 고체 육수 큐브)로 끓인 육수에 또르텔리니를 넣기만 해도 훌륭한 이탈리아식 만둣국이 완성되었습니다.

이처럼 손쉽게 접할 수 있다는 것은 그만큼 수요가 많고, 지역에서 일상적으로 사랑받아 온 요리라는 뜻이기도 합니다. 실제로 제가 근무하던 다이닝에서도 특별한 날이면 소와 재료를 준비해 주변 할머니들과 함께 또르텔리니를 빚어 요리하곤 했습니다.

정성을 들여 만든 또르텔리니와 맑은 육수가 어우러진 이 한 그릇은, 시간을 들일수록 그 깊이가 분명해지는 에밀리아로마냐 전통의 맛을 온전히 느낄 수 있는 요리입니다.

ingredients (4인 분량)

스폴리아 (76p)	400g

또르텔리니 소

돼지 등심	100g
프로슈토	100g
모르타델라	100g
그라나 파다노 치즈	150g
달걀	1개
소금	약간
후추	약간

한우 양지 육수

한우 양지 (덩어리 고기)	1kg
정숫물	3L

또르텔리니 소

한우 양지 육수

HOW TO MAKE

또르텔리니 소

1. 돼지 등심, 프로슈토, 모르타델라는 다지기 좋은 크기로 자릅니다.

2. 비커에 **1**과 강판에 간 그라나 파다노 치즈, 달걀, 소금과 후추를 넣고 블렌더를 이용해 곱게 다집니다.

● 푸드프로세서 또는 고기 민서기를 사용해도 좋습니다.

3. 만약 질게 느껴진다면 빵가루 소량을 넣고 섞어 되기를 맞춘 후, 이취가 배지 않도록 밀폐해 냉장고에서 30분간 휴지시킵니다.

한우 양지 육수

1. 한우 양지를 키친타월로 닦아 핏기를 제거합니다.

2. 냄비에 정숫물 3L를 넣고 끓인 후, 불을 줄여 기포만 보글보글 올라오는 상태로 만들어 약 3시간 30분 동안 끓입니다.

● 이때 떠오르는 거품과 이물질은 제거합니다.

3. 최종적으로 약 2L의 육수가 추출됩니다.

● 이 레시피는 한 덩어리의 양지 1kg을 기준으로 합니다. 국거리용으로 잘린 양지를 사용할 경우에는 정숫물 2.5L에서 끓여 최종적으로 2L의 육수를 얻으면 됩니다.

또르텔리니 성형

  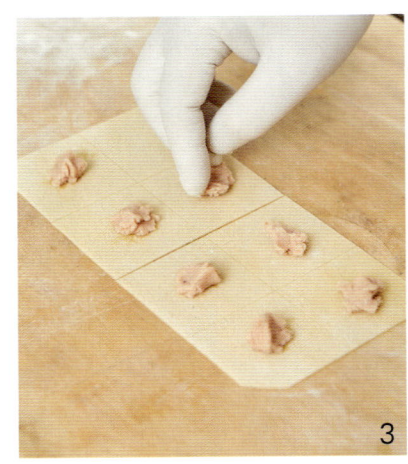

조리

또르텔리니 성형

1. 길이를 여유 있게 자른 스폴리아를 준비합니다.

● 여기에서는 달걀 생면 반죽(42p)으로 만든 스폴리아(76p)를 사용했습니다.

● 파스타 툴이 없는 경우 반죽을 1mm 두께로 밀어 편 후 적당한 크기로 잘라 사용합니다.

2. 라비올리 커터 또는 멀티 휠 도우 커터를 이용해 4×4cm 크기로 스폴리아를 자릅니다.

3. 자른 스폴리아 중앙에 또르텔리니 소를 소량 올립니다.

● 작업 속도가 빠르지 않을 경우 스폴리아를 랩이나 비닐로 덮어 두고, 사용할 만큼만 조금씩 꺼내며 작업합니다. 스폴리아가 건조되면 성형 과정에서 찢어지거나 형태가 쉽게 망가질 수 있습니다.

4. 스폴리아가 삼각형이 되도록 반을 접습니다.

5. 양쪽 모서리를 모아 접습니다.

● 또르텔리니 안에 공기가 남지 않도록 성형합니다. 공기가 들어가면 삶는 과정에서 충분히 익지 않았더라도 떠오를 수 있어 익힘 상태를 판단하기 어렵습니다.

6. 가장자리 면을 뒤집고 살짝 당겨 모양을 잡습니다.

7. 완성된 또르텔리니는 바로 사용하거나, 1개월간 냉동 보관하며 사용합니다.

● 스폴리아가 남는다면 버리지 말고 가르가넬리(213p)로 만들어 사용하면 좋습니다.

조리

1. 끓는 물 4L에 또르텔리니를 넣고 떠오를 때까지 약 2분 30초~3분간 익힙니다.

2. 익힌 또르텔리니를 접시에 담습니다.

3. 기호에 맞춰 소금으로 간을 한 한우 양지 육수를 부어 마무리합니다.

Tortellini in brodo alla bolognese

오래전부터 '또르텔리니 인 브로도'는 모데나와 볼로냐 두 도시가 서로 원조를 주장하며 논쟁을 이어온 요리입니다. 에밀리아로마냐를 대표하는 생면 파스타 중 하나로, 그 유래 또한 깊고 복잡합니다.

2024년 10월 25일, BBC는 모데나 출신의 마시모 보투라 셰프를 비롯해 볼로냐와 에밀리아로마냐주 여러 셰프들을 인터뷰하며 또르텔리니의 기원을 집중 취재했습니다. 해당 기사를 종합하면, 또르텔리니보다 약간 큰 형태인 '또르텔리노'의 기원은 두 도시의 중간 지점에 위치한 카스텔프랑코 에밀리아라는 주장에 무게가 실립니다.

역사적 기록만으로 명확한 결론을 내리기는 어렵지만, 속 재료의 차이를 보면 두 지역의 경향은 비교적 분명합니다. 모데나에서는 소를 익혀 사용하고, 볼로냐에서는 소를 익히지 않은 상태로 사용하는 전통이 이어져 왔습니다.

또르텔리니의 기원에는 신화적 이야기도 전해집니다. 1622년, 모데나의 시인 알레산드로 타소니는 『도난당한 양동이』에서 중세 시대 모데나와 볼로냐의 갈등을 올림푸스 신들이 개입하는 이야기로 패러디했습니다. 이 이야기에서 아폴로와 미네르바는 볼로냐 편에, 마르스와 비너스, 바쿠스는 모데나 편에 섭니다.

19세기 후반, 시인 주세페 체리는 자신의 시 『비너스의 배꼽』에서 이 갈등을 다시 언급하며, 신들이 개입하기 위해 카스텔프랑코 에밀리아로 우회했고, 그 여정의 결과로 또르텔리니가 탄생했다고 묘사했습니다.

가장 널리 알려진 이야기에 따르면, 비너스와 바쿠스, 마르스가 카스텔프랑코 에밀리아의 한 여관에 머물렀고, 다음 날 아침 여관 주인은 열쇠 구멍 너머로 잠든 비너스의 배꼽을 보게 됩니다. 그 형태에서 영감을 받아 오늘날의 또르텔리니를 만들었다는 전설입니다.

이 이야기에 역사적 사실이 담겨 있는지는 분명하지 않습니다. 다만 17세기 말, 사제이자 역사학자인 루도비코 안토니오 무라토리가 카스텔프랑코 에밀리아에서 '미네스트라 디 또르텔리니'를 먹었다고 기록한 점은 흥미로운 단서로 남아 있습니다. 현재 이 도시에 여관 주인이 열쇠 구멍으로 비너스의 배꼽을 엿보는 모습을 형상화한 동상이 세워져 있는 것도 이러한 전통을 상징합니다.

또르텔리니는 에밀리아로마냐 문화의 핵심적인 음식으로, 크리스마스와 성 이슈트반 축일에 특히 즐겨 먹습니다. 매년 9월 둘째 주에는 카스텔프랑코 에밀리아에서 '사그라 델 또르텔리노'가 열리며, 일주일 동안 지역 레스토랑들이 다양한 또르텔리니 요리를 선보입니다. 마지막 날에는 여관 주인이 열쇠 구멍으로 들여다보는 장면을 재현한 공연도 펼쳐집니다.

기사의 마지막에서 보투라 셰프는 "신을 믿지 않더라도 또르텔리니는 믿을 수 있습니다"라고 말합니다. 이 책에서는 이러한 역사와 전통을 바탕으로, 지리적·문화적으로 볼로냐에 더 가까운 해석의 레시피를 소개합니다. 카스텔프랑코 에밀리아가 현재 볼로냐 권역에 속해 있다는 점 또한 그 이유 중 하나입니다.

Agnolotti del plin
burro e salvia

피에몬테식 아뇰로티 델 플린과 세이지 버터 소스

아뇰로티 델 플린은 지역의 개성이 뚜렷하게 드
러나는 이탈리아 라비올리 가운데서도 정수로
꼽히는 파스타입니다. 소를 채운 파스타를 떠올
릴 때, 피에몬테의 아뇰로티와 볼로냐의 또르텔
리니는 단연 대표적인 예라 할 수 있습니다.

이 두 파스타는 역사와 유래가 깊고, 레시피의
구조가 명확하며, 맛의 균형 또한 뛰어나 오늘날
까지 이어져 내려오는 이탈리아 라비올리 클래
식의 기준으로 여겨집니다. 특히 아뇰로티 델 플
린은 전통적으로 별다른 소스 없이 삶아, 깨끗한
린넨 위에 올려낼 정도로 소와 면 자체의 완성
도를 중시하는 파스타입니다.

이 책에서는 이러한 전통을 바탕으로, 보다 부
드럽고 한 그릇의 요리로 완성도를 높이기 위해
심플한 세이지 버터 소스를 곁들입니다. 과하지
않은 구성 안에서 아뇰로티 델 플린의 섬세한
맛과 균형을 우아한 한 끼로 표현해 보았습니다.

ingredients (4인 분량)

스폴리아 (76p)	400g	얼갈이배추	20g
		파르미지아노	
아뇰로티 소		레지아노 치즈	15g
양파	200g	넛맥 가루	약간
당근	100g		
셀러리	50g	버터	적당량
돼지 등심	100g	소금	적당량
소고기 (홍두깨살)	150g	세이지	4장
토끼고기 또는 닭고기	100g	파르미지아노	
소금	적당량	레지아노 치즈	15g
후추	적당량	후추	적당량
강력분	적당량	엑스트라 버진	
엑스트라 버진		올리브오일	적당량
올리브오일	적당량		
화이트와인	250g		
물 또는 치킨 스톡	적당량		
마늘	2톨		
시금치	20g		

아뇰로티 소

HOW TO MAKE

아뇰로티 소

1. 양파, 당근, 셀러리는 엄지손가락 한 마디 크기로 자릅니다.

2. 돼지 등심, 소고기, 토끼고기는 근막과 과도한 지방을 제거한 후 큼직하게 자릅니다.

●   토끼고기 대신 닭고기를 사용해도 무방하며, 소고기나 돼지고기만으로 만들어도 됩니다. 하지만 전통적인 방식은 아닙니다.

3. 소금과 후추로 밑간을 합니다.

4. 강력분을 고르게 도포합니다.

5. 냄비에 올리브오일을 두르고 버터를 넣어 녹입니다.

6. **4**를 넣고 앞뒤가 노릇해질 때까지 익힙니다.

7. **1**을 넣고 익힙니다.

8. 화이트와인을 넣고 알코올을 불로 날리는 플람베 작업을 합니다.

9. 뜨겁게 데운 물 또는 치킨 스톡을 자박하게 붓고, 재료가 타지 않도록 간간이 저어가며 익힙니다.

●   치킨 스톡을 사용할 경우 물 500g에 고체 치킨 스톡 10g을 넣고 풀어 사용합니다.

10. 팬에 올리브오일을 두르고 손으로 으깬 마늘을 넣어 향을 냅니다.

11. 시금치와 얼갈이배추를 차례로 볶습니다.

● 시금치는 깨끗이 씻어 줄기를 제거하고 잎만 사용합니다. 얼갈이배추는 잘게 썰어 사용합니다.

12. 소금과 후추로 가볍게 간을 합니다.

13. 물 또는 치킨 스톡을 붓고 수분을 날려가며 볶은 후 식힙니다.

● 치킨 스톡을 사용할 경우 물 500g에 고체 치킨 스톡 10g을 넣고 풀어 적당량 사용합니다.

14. 식으면 곱게 다집니다.

15. **9**의 고기가 젓가락으로 찔렀을 때 쉽게 풀어질 정도로 충분히 익으면 (약 3~4시간 후) 건져내 강판에 간 파르미지아노 레지아노 치즈, 소금과 후추, 넛맥 가루와 함께 블렌더로 갈아 줍니다.

16. **14**를 넣고 주걱으로 섞은 후 파이핑백에 담습니다.

● 만약 질게 느껴진다면 빵가루 소량을 넣고 섞어 되기를 맞춘 후, 이취가 배지 않도록 밀폐해 냉장고에서 30분간 휴지시킵니다.

아놀로티 성형

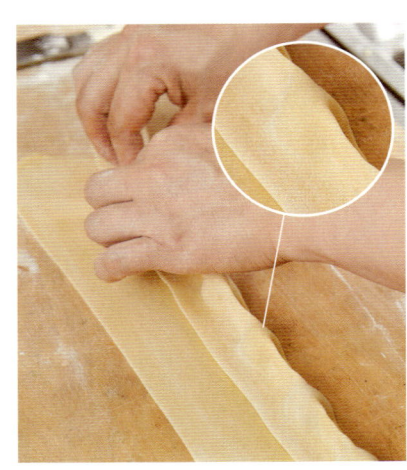

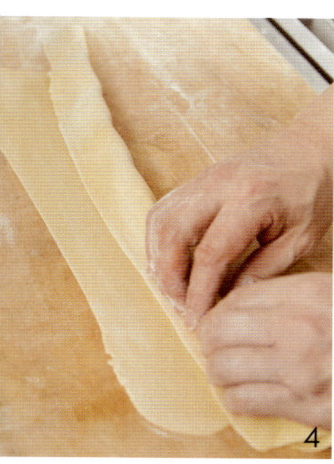

HOW TO MAKE

아뇰로티 성형

1. 길이를 여유 있게 자른 스폴리아를 준비합니다.

● 여기에서는 달걀 생면 반죽(42p)으로 만든 스폴리아(76p)를 사용했습니다.

● 파스타 툴이 없는 경우 반죽을 1mm 두께로 밀어 편 후 적당한 크기로 잘라 사용합니다.

2. 스폴리아에 달걀물을 얇게 바릅니다.

● 달걀물은 노른자와 정수물을 1:1 비율로 섞어 사용합니다. 이때 흰자나 달걀 알끈이 섞여 있을 경우 핀셋으로 제거해 줍니다.

3. 적당한 간격을 두고 아뇰로티 소를 올립니다.

4. 스폴리아를 접습니다.

5. 아뇰로티의 소를 사이에 두고 양손가락으로 반죽을 꼬집듯 눌러, 소가 살짝 부풀어 오르도록 접습니다.

● 아뇰로티 안에 공기가 남지 않도록 성형합니다. 공기가 들어가면 삶는 과정에서 충분히 익지 않았더라도 떠오를 수 있어 익힘 상태를 판단하기 어렵습니다.

6. 라비올리 커터를 이용해 수직으로 솟은 반죽 이음면을 그대로 통과하듯 잘라 주면, 조개가 살짝 입을 벌린 듯한 형태로 완성됩니다.

7. 완성된 아뇰로티는 바로 사용하거나, 1개월간 냉동 보관하며 사용합니다.

HOW TO MAKE

조리

1. 0.5% 농도의 소금물에 아뇰로티를 넣고 떠오를 때까지 약 2분 30초~ 3분간 삶습니다.

● 면수에는 소금이 포함되어 있으므로, 전체적인 간이 과해지지 않도록 사용량에 주의합니다.

2. 팬에 면수를 소량 넣고 끓인 뒤 버터와 소금을 넣고 녹입니다.

3. 세이지를 넣어 향을 냅니다.

4. 삶은 아뇰로티를 넣고, 면수와 버터가 분리되지 않도록 고르게 유화해 하나의 소스처럼 어우러지게 만테카레합니다.

5. 그릇에 옮겨 담습니다.

6. 파르미지아노 레지아노 치즈, 후추, 올리브오일을 뿌려 마무리합니다.

● 전통적으로 소스 없이 익혀낸 라비올리는 깨끗한 린넨 천에 담아 제공됩니다.

Agnolotti del plin burro e salvia

피에몬테, 특히 랑게와 몬페라토 지역에서는 타야린과 아뇰로티 델 플린을 빼고는 지역 음식을 논하기 어렵습니다. 그만큼 이 요리는 피에몬테 식문화를 대표하는 상징적인 생면 파스타입니다.

아뇰로티 델 플린은 생면 반죽을 매우 얇게 밀어 익힌 소고기와 돼지고기를 곱게 다진 소를 채워 조리하는 것이 일반적입니다. 소의 풍미를 온전히 느끼는 것이 핵심이기 때문에, 전통적으로는 별도의 강한 소스를 곁들이지 않았습니다. 삶아 물기를 뺀 뒤 부드러움을 유지하기 위해 접은 린넨 천에 감싸 내거나, 옅은 육수를 곁들여 와인과 함께 제공되었다고 전해집니다.

이 파스타의 기원에 대해서는 여전히 불분명한 점이 많습니다. 2018년 3월 18일자 라 쿠치나 이탈리아나에 실린 카테리나 리미도의 글 「Agnolotti del plin: curiosità e ricetta(아뇰로티 델 플린, 흥미로운 이야기와 레시피)」에 따르면, 과거에는 이 파스타를 '알 판노키아(Al pannocchia)'라고 불렀다고 합니다.

'아뇰로티'라는 이름은 피에몬테 방언 '아눌로트(anulot)'에서 유래한 것으로, 아뇰로티를 만들 때 사용하는 지그재그 모양의 롤 커터 도구를 가리킵니다. 또한 '플린(plin)'은 피에몬테 방언으로 '꼬집다'라는 뜻을 지니며, 손가락으로 반죽을 집어 마감하는 이 파스타의 성형 방식에서 비롯된 명칭으로 해석됩니다.

이 책에서는 이러한 전통을 바탕으로, 소의 풍미를 해치지 않으면서도 부드럽게 감싸주는 세이지 버터소스를 곁들인 피에몬테식 아뇰로티 델 플린을 소개했습니다.

Orecchiette
con **broccoli** e **acciughe**

브로콜리와 엔초비를 곁들인 오레키에테

이 메뉴는 오레키에테를 떠올릴 때 자연스럽게 연결되는 재료의 조합을 바탕으로 구성했습니다. 브로콜리, 마늘, 엔쵸비가 어우러진 이 파스타는 한번 맛보면, 김장을 할 때 수육과 굴무침, 막걸리를 함께 떠올리는 것처럼 하나의 익숙한 풍경으로 기억됩니다.

알리오 에 올리오보다 엔쵸비의 풍미를 더욱 분명하게 드러내는 파스타로, 단순한 재료 안에서 깊은 감칠맛을 만들어 냅니다. 귀 모양의 오레키에테를 직접 만드는 일은 처음에는 쉽지 않게 느껴질 수 있지만, 익숙해지면 한국의 수제비처럼 간단하면서도 실패할 수 없는 조합과 안정적인 맛을 완성할 수 있습니다.

이탈리아 풀리아 지역 바리의 아르코 바쏘 거리(via dell'Arco Basso)에서는 좌판을 펼쳐 오레키에테를 만드는 풍경을 흔히 볼 수 있습니다. 그 손놀림을 보고 있으면 이 파스타가 복잡한 기술이 아닌, 시간과 만들고자 하는 의지만 있다면 누구나 완성할 수 있는 음식이라는 점을 자연스럽게 이해하게 됩니다.

ingredients (4인 분량)

두럼밀 생면 반죽 (44p)	400g
브로콜리	1송이
엑스트라 버진 올리브오일	적당량
엔초비	8마리
재 썬 마늘	4톨
소금	적당량
후추	적당량
이탈리아 파슬리	적당량

오레키에테 성형

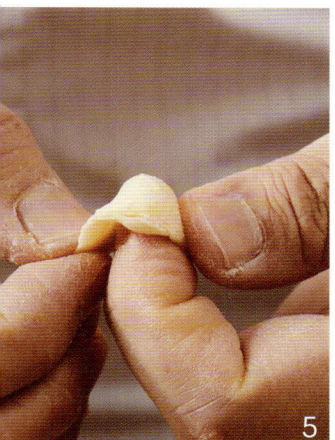

HOW TO MAKE

오레키에테 성형

1. 생면 반죽을 손바닥으로 굴려 길고 가늘게 늘려 지름 약 8mm의 원통형으로 만듭니다.

● 여기에서는 듀럼밀 생면 반죽(44p)을 사용했습니다.

2. 원통형 반죽을 새끼손톱 정도의 크기, 길이 약 1cm로 자릅니다.

3. 각 반죽을 손바닥으로 가볍게 둥굴려 성형하기 쉬운 모양으로 만듭니다.

4. 작은 칼을 사용해 반죽을 나무 도마 위에서 누르듯 당기며 펼칩니다.

● 칼로 반죽을 눌러 당길 때는 표면이 약간 찢어지듯 넓혀 주어야 오레키에테 특유의 거친 질감이 살아납니다. 이때 반죽은 최대한 얇게 펴되, 구멍이 나지 않도록 주의합니다.

5. 칼에 의해 뜯기듯 펴진 반죽을 뒤집어 귀 모양으로 성형합니다.

● 완성된 오레키에테는 바로 사용하거나 냉동 보관해 사용합니다. 완전히 건조한 뒤 제습제와 함께 밀폐 용기에 담아 보관하면 더 오래 사용할 수 있습니다.

HOW TO MAKE

조리

1. 브로콜리를 깨끗하게 세척한 뒤 작은 칼을 이용해 송이 부분은 조리하기 적당한 크기로 나누고, 대 부분은 단단한 겉껍질을 제거해 엄지손가락 한 마디 크기로 자릅니다.

2. 손질한 브로콜리는 1% 농도의 소금물에서 3분간 데친 뒤 먹기 좋은 크기로 자릅니다.

● 데친 소금물은 버리지 않고 오레키에테를 삶을 때 사용합니다.

3. 브로콜리를 익힌 소금물에 오레키에테를 넣고 떠오를 때까지 익힙니다.

● 면수는 전분을 함유하고 있어 소스와 면을 자연스럽게 에멀전하는 데 유용하므로 버리지 않고 남겨 둡니다.

● 방금 만든 오레키에테는 3~4분, 완전히 건조한 오레키에테는 약 8~10분간 삶습니다.

4. 팬에 올리브오일을 두르고, 약한 불에서 엔초비를 넣어 기름에 녹입니다.

5. 채 썬 마늘을 넣고 노릇하게 볶습니다.

● 마늘을 너무 빨리 넣으면 엔초비가 기름에 충분히 녹지 않습니다.

6. 면수 또는 끓는 물 약 120g을 넣어 재료가 잘 어우러지도록 함께 익힙니다.

● 면수에는 소금이 포함되어 있으므로, 전체적인 간이 과해지지 않도록 사용량에 주의합니다.

7. 삶아낸 오레키에테와 처음 데쳐 두었던 브로콜리를 함께 건져 팬에 넣습니다.

8. 소금과 후추로 간을 맞춘 후, 올리브오일을 더해 소스와 면이 고루 섞이며 부드럽게 윤기가 나도록 마무리합니다.

9. 접시에 담고 올리브오일을 뿌립니다.

10. 이탈리아 파슬리와 후추를 뿌려 마무리합니다.

Orecchiette

뿔리아 지역의 특산 파스타로 널리 알려진 오레키에테는 그 기원에 대해 여러 설이 전해집니다. 2016년 2월 1일자 쿠치나 이탈리아나의 'Classici regionali: le orecchiette(지역 고전: 오레키에테)' 편에서는 그 유래를 다음과 같이 소개합니다.

첫 번째 설에 따르면, 오레키에테의 기원은 중세 시대의 프로방스로 거슬러 올라갑니다. 이 지역에서는 남부산 듀럼밀을 사용해 엄지손가락으로 가운데를 눌러 만든, 오목한 원반 형태의 파스타가 전통적으로 만들어졌습니다. 이 형태는 건조에 유리해 기근이나 장기간의 해상 항해 시 보존 식량으로 적합했습니다. 이후 이 파스타는 뿔리아와 바실리카타를 지배하던 앙주 왕조를 통해 이탈리아로 전해졌으며, 외국 통치자의 이름에서 유래한 명칭으로 불렸다는 해석도 존재합니다.

두 번째 설은 노르만~슈바벤 지배 시기로 거슬러 올라갑니다. 당시 수도에서 약 14km 떨어진 산 니칸드로 디 바리에는 유대인 공동체가 형성되어 있었고, 이들은 대륙에서 유입된 조리법을 자신들의 전통 음식과 결합했을 가능성이 큽니다. 유대 전통 과자인 '하만의 귀' 역시 오레키에테와 유사한 오목한 형태를 지닌 점에서, 두 음식 사이의 연관성을 시사합니다.

오레키에테는 밀가루와 물, 소금만으로 만드는 단순한 파스타입니다. 지역 방언으로 '끌어당기다'라는 뜻의 '스트라스나트(strasc'nat)'라는 이름으로도 불리는데, 손가락이나 둥근 칼로 반죽을 작업대 위로 끌어당겨 형태를 만들기 때문입니다.

지역에 따라 곁들이는 재료도 다릅니다. 바리에서는 순무 잎, 콜리플라워, 브로콜리와 함께 조리하는 경우가 일반적이며, 살렌토 지역에서는 토마토와 리코타 치즈를, 치스테르니노에서는 라구와 함께 즐깁니다. 기원이 무엇이든, 오레키에테는 오늘날까지도 뿔리아를 대표하는 파스타로 자리 잡고 있으며 전 세계 이탈리아 요리에서 중요한 위치를 차지하고 있습니다.

이 책에서는 바리 지역에서 즐겨 먹는 방식으로 소개했습니다.

Garganelli all **aragosta**

랍스터 토마토 크림 소스와 가르가넬리

가르가넬리와 랍스터는 형태와 소스의 궁합이 돋보이는 파스타 요리입니다. 가르가넬리는 펜촉을 닮은 생면 파스타로, 그 역사와 유래가 흥미로워 여러 실존 인물이 등장하는 이야기로 전해집니다.

이 파스타를 만들기 위해서는 뇨끼 보드나 빗 형태의 파스타 보드가 필요합니다. 건면 펜네와 형태는 유사하지만, 가정에서 직접 만들 수 있다는 점과 다양한 묵직한 소스와 잘 어울린다는 점이 가르가넬리의 큰 장점입니다. 또한 직접 반죽해 성형하기 때문에 파스타에 색이나 무늬를 더할 수 있다는 특징도 있습니다.

가르가넬리는 볼로냐식 라구 소스, 화이트 라구 소스, 살시차 토마토 소스, 아마트리치아나 소스, 페스토 소스 등 다양한 소스와 잘 어울리는 팔방미인 파스타입니다. 이 가운데 이 책에서는 특별한 날을 위한 구성으로 랍스터 파스타를 소개합니다. 반드시 가르가넬리가 아니어도, 다른 형태의 파스타로 충분히 응용할 수 있는 메뉴입니다.

ingredients (2인 분량)

달걀 생면 반죽 (42p)	240g

랍스터	1마리 (약 500~600g)
버터	20g
다진 샬롯	30g
페페론치노	2개
방울토마토	3알
꼬냑	25g
화이트와인	50g
물 또는 치킨 스톡	100g
토마토 소스 (128p)	150g
생크림	50g
소금	적당량
후추	적당량
그라나 파다노 치즈	적당량
엑스트라 버진 올리브오일	적당량
이탈리아 파슬리	적당량

가르가넬리 성형

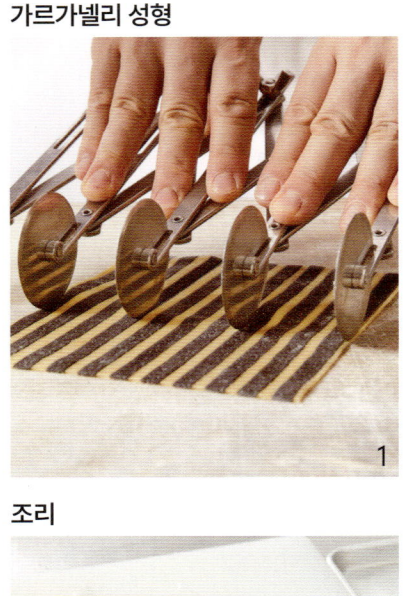

조리

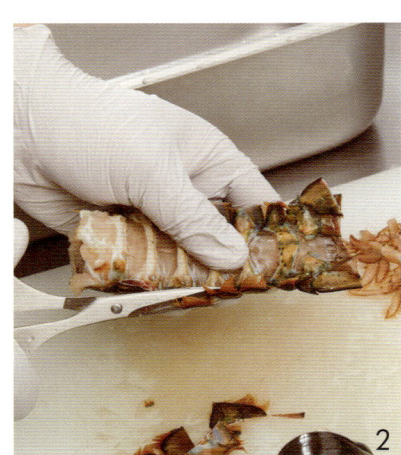

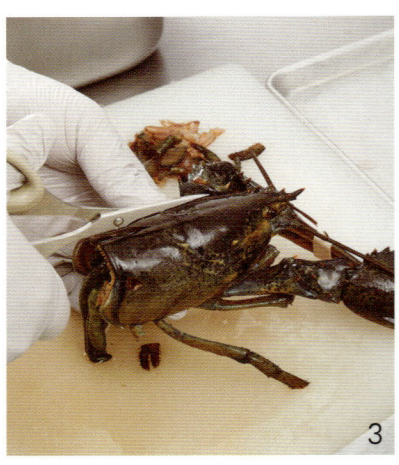

HOW TO MAKE

가르가넬리 성형

1. 스폴리아를 4cm 정사각형으로 자릅니다.

● 사진은 달걀 생면 반죽과 먹물 생면 반죽을 겹쳐 만든 줄무늬 스폴리아
    가르가넬리입니다. 실제 조리에는 달걀 생면 반죽(42p)으로 만든 스폴리아(76p)를
    사용했습니다.

2. 스폴리아를 가르가넬리 보드 위에 올리고 둥근 막대로 감싸듯 굴려
    압착합니다.

3. 완성된 가르가넬리는 바로 사용하거나, 냉동 보관합니다.

조리

1. 랍스터를 깨끗이 씻은 뒤 머리를 분리합니다.

2. 몸통은 반으로 가르고 등 쪽에 있는 내장을 제거한 뒤 먹기 좋은 크기로
    자릅니다.

3. 머리 부분은 반으로 가른 후 눈 아래의 모래주머니를 제거하고 다시
    네 등분합니다.

4. 버터를 두른 팬을 가열합니다.

5. 버터가 녹으면 랍스터 머리를 넣고, 부순 페페론치노를 더해 함께
    볶습니다.

6. 나머지 랍스터 조각을 넣고 익힙니다.

7. 다진 샬롯, 반으로 자른 방울토마토를 넣고 익힙니다.

HOW TO MAKE

8. 꼬냑을 넣고 알코올을 불로 날리는 플람베 작업을 한 뒤 화이트와인을 붓습니다.

9. 끓는 육수를 자박하게 붓고 소금으로 간을 합니다.

10. 토마토 소스를 넣습니다.

11. 풍미가 응축되도록 적당히 졸인 후, 과도하게 익지 않도록 살이 많은 랍스터 부위는 잠시 빼 둡니다.

12. 0.5% 농도의 소금물에 생면을 넣고 약 20초간 삶습니다.

13. 가르가넬리가 거의 익으면 팬에 넣어 조심스럽게 섞습니다.

14. 생크림을 넣고 약불에서 한 번 더 끓인 후, 소금과 후추로 기호에 맞게 간을 맞춥니다.

15. 빼둔 랍스터 살 부위를 넣고 데웁니다.

16. 접시에 담고 강판에 간 그라나 파다노 치즈와 후추를 뿌린 후, 올리브오일과 이탈리아 파슬리로 마무리합니다.

Garganelli

가르가넬리는 에밀리아로마냐 지역의 전통 생면 파스타로 알려져 있습니다. 이 독특한 형태의 파스타는 실제 역사와 전설이 뒤섞인 이야기 속에서 탄생했다고 전해집니다.

가장 널리 알려진 이야기에 따르면, 가르가넬리는 카펠레티를 만들고 남은 사각형 생면을 활용해 만들어진 대체품에서 출발했습니다. 소를 채운 모자 모양의 라비올리인 카펠레티를 성형하고 남은 반죽 조각을 버리지 않고 활용한 것이 그 시작이었고, 이후 하나의 독립적인 파스타로 자리 잡아 오늘날에는 훌륭한 프리모 피아토로 사랑받고 있습니다.

2021년 7월 1일자 지역 월간지 일 로마뇰로에 실린 기사 「Garganelli: tra storia e leggenda(가르가넬리: 역사와 전설 사이)」에 따르면, 가르가넬리는 1725년 새해 전날 이몰라에서 태어났다는 이야기가 가장 널리 받아들여지고 있습니다. 당시 코르넬리오 벤티볼리오 다라고나 추기경의 집에서 요리를 맡고 있던 요리사는 카펠레티를 만들기 위해 사각형 생면과 소를 준비했지만, 작업 후 생면이 과도하게 남게 되었습니다.

요리사는 이를 해결하기 위해 헛간에서 나뭇가지와 베틀빗을 가져와, 나뭇가지에 생면을 감아 빗 위에서 대각선으로 굴려 성형했습니다. 이렇게 만들어진 줄무늬와 속이 빈 형태의 파스타가 바로 오늘날의 가르가넬리였다는 이야기입니다.

이와는 또 다른 전설도 전해집니다. 가르가넬리의 기원을 수 세기 더 거슬러 올라가, 카테리나 스포르차 백작부인의 요리사가 이 파스타를 고안했다는 설입니다. 카펠레티를 만들기 위해 준비해 둔 소를 고양이가 먹어 치워버리는 바람에, 남은 반죽을 활용하기 위해 위와 같은 방식의 파스타를 만들었다는 이야기입니다.

이러한 전설 때문인지, 많은 이탈리아 요리사들은 이 작은 사각형 생면 파스타에 각별한 정성을 쏟아 왔습니다. 반죽에 색을 더하거나 줄무늬를 강조하고, 허브를 넣어 형태와 질감을 살리는 등 다양한 변주가 이어져 왔으며, 폭넓은 소스와 재료에 잘 어울리는 파스타로 발전했습니다.

만들기 어렵지 않으면서도 시각적으로도, 식감적으로도 매력이 뛰어난 이 생면 파스타를, 이 책에서는 랍스터와 토마토 크림 소스를 곁들여 소개합니다.

Trofie
al **pesto** alla **genovese**

제노바 스타일 바질 페스토 트로피에

이 요리는 리구리아 지역을 대표하는 생면 파스타입니다. 트로피에는 이름에서 연상되듯 비틀린 막대, 혹은 작은 방망이 모양을 닮은 생면 파스타로, 그 형태에서 이름이 붙여졌습니다.

이탈리아에서는 파스타의 형태를 연구하고 만들어 내는 문화가 발달해 있으며, 특히 모양에서 떠올릴 수 있는 이미지를 이름으로 삼는 경우가 많습니다. 트로피에 역시 그러한 흐름 속에서 탄생한 파스타입니다. 리구리아 지역의 주도인 제노바의 식당에서는 바질 페스토와 함께한 트로피에 파스타를 흔히 만나볼 수 있습니다.

바질 페스토는 스파게티나 펜네, 때로는 뇨끼와도 잘 어울리는 소스이지만, 트로피에와 결합했을 때 가장 지역적인 완성도를 보여 줍니다.

이 책에서는 도구 없이 손놀림만으로 완성하는 트로피에 생면을 통해, 제노바 스타일 페스토 파스타의 본질적인 매력을 전합니다.

ingredients (2인 분량)

듀럼밀 생면 반죽 (44p)	200g
바질 페스토*	
바질	50g
잣	10g
마늘	1톨
페코리노 치즈	5g
말돈소금	3g
엑스트라 버진 올리브오일	75g
삶은 감자	20g
바질 페스토*	전량
그라나 파다노 치즈	적당량
소금	적당량
후추	적당량
엑스트라 버진 올리브오일	적당량
바질	적당량

트로피에 성형

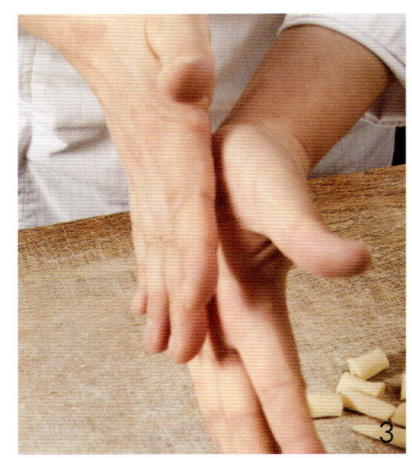

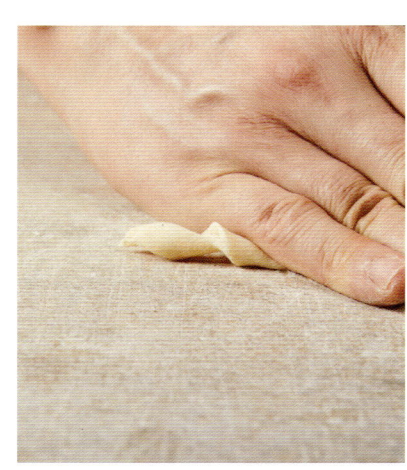

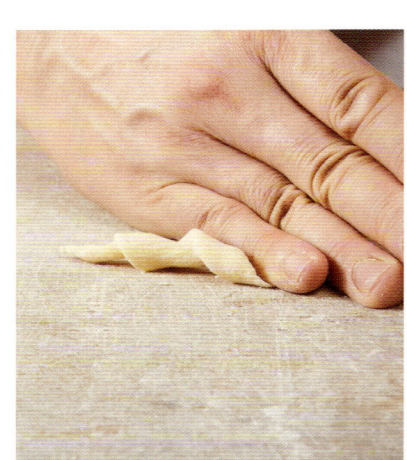

HOW TO MAKE

트로피에 성형

1. 생면 반죽을 손바닥으로 굴려 길고 가늘게 늘려 지름 약 0.8~1cm의 원통형으로 만듭니다.

● 여기에서는 듀럼밀 생면 반죽(44p)을 사용했습니다.

2. 원통형 반죽을 길이 약 1.5cm로 자릅니다.

3. 각 반죽을 손바닥으로 가볍게 비벼 살짝 길쭉한 모양으로 만듭니다.

4. 반죽을 손바닥에서 손날 쪽으로 굴려 얇은 원통형으로 만들다가, 반죽 끝이 손날 쪽으로 삐져나오기 시작하면 손날로 짓누르듯 굴려 트로피에 모양으로 완성합니다.

5. 완성된 트로피에는 바로 사용하거나 냉동 보관해 사용합니다. 완전히 건조한 뒤 제습제와 함께 밀폐 용기에 담아 보관하면 더 오래 사용할 수 있습니다.

바질 페스토

조리

바질 페스토

1. 비커에 올리브오일을 제외한 모든 재료를 넣고 블렌더로 갈아 줍니다.

2. 어느 정도 갈리면 올리브오일을 세 번 나눠 넣어가며 섞습니다.

● 한 번에 많은 양을 넣으면 바질이 고르게 빻아지지 않으므로 주의합니다.

3. 기호에 따라 소금으로 간을 조절합니다.

조리

1. 0.5% 농도의 소금물에 생면을 넣고 약 2분 20초간 삶습니다.
   이때 삶은 감자도 함께 넣어 살짝 데칩니다.

● 방금 만든 트로피에는 3~4분, 완전히 건조한 트로피에는 약 8~10분간 삶습니다.
   (트로피에가 굵게 만들어진 경우에도 삶는 시간을 늘립니다.)

2. 볼에 익힌 트로피에와 데친 감자, 바질 페스토를 넣고 재료가 부서지지
   않도록 조심스럽게 버무립니다.

3. 강판에 간 그라나 파다노 치즈를 접시에 충분히 뿌립니다.

4. **2**를 담습니다.

5. 소금과 후추로 간을 한 후 올리브오일을 뿌립니다.

6. 바질을 더해 마무리합니다.

바질 페스토 만들기

여력이 된다면 전통적인 대리석 절구와 나무공이를 사용해 바질 페스토를 만드는 것을 추천합니다. 금속 날을 가진 블렌더로 작업할 경우, 바질 페스토 특유의 초록 빛이 빠르게 변색되기 쉽습니다. 다만 블렌더를 차게 보관해 사용거나 믹서를 사용할 때 얼음을 함께 넣어 작업하면 갈변을 어느 정도 억제할 수 있습니다. 업장에서 대량으로 생산할 경우 바질을 데쳐 사용하는 방식도 활용되지만, 이 책에서는 고전적이면서도 가정에서 실행 가능한 방법으로 소개했습니다.

Trofie al pesto alla genovese

제노바 프라에 지역에 위치한 바질 공원에서 밝히는 바에 따르면, 클래식한 '페스토 제노베제'는 이탈리아 북서부 리구리아주의 해안 도시 제노바에서 유래되었다고 전해집니다. 이 소스는 1863년 미식가 조반니 바티스타 라토가 집필한 지역 요리서 『Cuciniera Genovese』를 통해 처음으로 공식적인 기록에 등장합니다.

당시 치즈와 마늘, 견과류를 갈아 만든 소스는 이미 중세 시대부터 전해 내려오던 '알리아테(Agliate)'라는 소스와 유사해, 완전히 새로운 개념이라기보다는 이 소스에서 발전했을 가능성이 높다고 여겨집니다. 그러나 이 책이 지닌 중요한 특징은, 당시 리구리아 지역에서는 널리 재배되었지만 다른 지역에서는 흔하지 않았던 바질을 핵심 재료로 사용했다는 점입니다.

바질은 소아시아를 원산지로 하여 유럽으로 전파되는 과정에서 리구리아와 프로방스 지역에 정착했습니다. 바질이라는 이름은 그리스어에서 유래한 라틴어 '오키뭄 바실리쿰(Ocimum basilicum)'으로, '왕실의 향기'를 뜻합니다.

'페스토'라는 명칭 또한 '두드리다', '으깨다'라는 뜻의 이탈리아어 동사 '페스타레(pestare)'에서 비롯되었습니다. 전통적으로 페스토는 대리석 절구에 나무 공이를 사용해 재료를 으깨 만들어졌으며, 이러한 방식은 소스의 향과 질감을 결정짓는 중요한 요소로 여겨졌습니다. 이 과정을 통해 페스토 제노베제는 빠르게 리구리아 요리의 핵심 소스로 자리 잡았고, 바질 페스토는 올리브오일을 기반으로 한 가장 초기 형태의 소스 가운데 하나로 평가받습니다.

이후 페스토 레시피는 시대와 환경에 맞춰 조금씩 조정되고 발전해 왔습니다. 다만 세부적인 재료 구성은 오랫동안 논쟁의 대상이 되어 왔습니다. 대표적으로 파르미지아노 레지아노 치즈와 페코리노 치즈 중 어느 것을 사용하는 것이 옳은지에 대해서는 지금도 의견이 엇갈리고 있습니다. 오늘날에는 루콜라 등 다양한 허브를 활용한 여러 종류의 페스토가 만들어지고 있으며, 소화를 고려해 마늘의 사용량을 줄이는 경향도 나타납니다. 다만 마늘을 과도하게 줄일 경우 페스토 특유의 풍미가 약해질 수 있습니다.

이 책에서는 이러한 논의를 바탕으로, 가장 전통적인 바질 페스토를 사용한 리구리아식 트로피에 파스타를 소개합니다.

Pizzoccheri alla **valtellinese**

발텔리나 스타일 피초케리

이 요리는 꼭 피초케리를 넣지 않더라도 겨울철 따뜻하게 즐길 수 있는 채소와 치즈 안티파스토로 손색없는 메뉴입니다. 적절히 익힌 채소에 치즈를 더하고, 마늘 향을 낸 버터를 끼얹어 완성하는 비교적 단순한 요리이지만, 식탁을 따뜻하고 풍성하게 만드는 힘을 지니고 있습니다.

이 요리에 사용하는 피초케리 생면은 가정에서 달걀을 사용해 반죽한 메밀면으로도 충분히 응용할 수 있습니다. 가늘게 썰어 약 5분간 삶은 뒤 찬물에 헹궈 냉파스타로 즐기거나, 냉면 육수를 더해 메밀 냉면처럼 활용하는 것도 좋은 방법입니다.

북부 이탈리아 발텔리나 지역의 메밀면은 추운 겨울을 보내는 우리의 정서와도 닮아 있습니다. 따뜻한 요리부터 차갑게 즐기는 메뉴까지, 피초케리를 다양한 방식으로 활용해 보시기 바랍니다. 비건 메뉴로 구성할 경우에는 달걀을 제외하고 따뜻한 물로 반죽하며, 버터 대신 올리브오일을 사용하고 비건 치즈로 대체할 수 있습니다.

ingredients (2인 분량)

스폴리아 (76p)	240g
사보이배추 또는 알배추	100g
감자	120g
에멘탈 치즈	100g
그라나 파다노 치즈	20g
버터	40g
마늘	1톨

❖ 사보이 배추는 알배추로 대체
　가능합니다.

그라나 파다노 치즈	적당량
이탈리아 파슬리	적당량
후추	적당량

메밀 생면 성형

조리

HOW TO MAKE

메밀 생면 성형

1. 길이를 여유 있게 자른 스폴리아를 준비합니다.

●   여기에서는 메밀 생면 반죽(54p)으로 만든 스폴리아(76p)를 사용했습니다.

2. 1.5 × 10cm 크기로 잘라 준비합니다.

조리

1. 사보이배추(또는 알배추)는 먹기 좋은 크기로 자른 뒤 흐르는 물에 깨끗이 씻습니다.

2. 감자는 껍질을 벗겨 1.5cm 크기의 주사위 모양으로 자른 뒤, 전분이 어느 정도 빠지도록 정숫물에 담가 둡니다.

3. 낮고 넓은 냄비에 0.5% 농도의 소금물 4L를 끓입니다.

4. 사보이배추를 먼저 넣고 약 2분간 데칩니다.

5. 숨이 죽으면 자른 메밀 생면을 함께 넣고 약 1분 30초간 삶습니다.

6. 메밀면이 익으면 사보이배추와 함께 건져 채반(또는 찜기)에 담습니다.

7. 냄비 위에 채반을 얹고, 사보이배추와 메밀면 위에 적당한 크기로 자른 에멘탈 치즈와 강판에 간 그라나 파다노 치즈를 고루 올립니다.

● 찜기를 사용하면 작업이 수월합니다. 여기서처럼 채반을 사용할 경우에는 냄비와 채반의 지름을 동일하게 맞춥니다.

8. 뚜껑을 덮고 가열해 증기로 치즈가 녹도록 합니다.

● 뚜껑이 없을 경우에는 증기가 빠지지 않도록 랩이나 린넨 천으로 덮어 줍니다.

9. 별도의 팬에 버터를 넣어 녹인 뒤, 온도가 오르면 손으로 으깬 마늘을 넣어 향을 냅니다.

10. **8**의 치즈가 충분히 녹으면 불에서 내립니다.

11. **10**을 그릇에 담습니다.

12. **9**를 고루 뿌립니다.

13. 강판에 간 그라나 파다노 치즈를 뿌립니다.

14. 이탈리아 파슬리, 후추를 뿌려 마무리합니다.

Pizzoccheri alla valtellinese

피초케리(Pizzoccheri)는 이탈리아 북부 알프스 지역인 발텔리나의 전통 음식으로 널리 알려져 있습니다. 특히 텔리오 마을에서 시작된 요리로 여겨질 만큼, 이 지역과 깊은 연관성을 지니고 있습니다.

발텔리나는 우리나라의 평창과 비교될 만큼 북부 알프스 산맥에 위치한 고산지대로, 척박한 자연환경 속에서 4세기 이상 메밀을 재배해 온 지역입니다. 이러한 환경은 밀 대신 메밀을 활용한 독자적인 식문화를 형성하는 데 중요한 역할을 했습니다.

텔리오에 위치한 피초케리 아카데미의 기록에 따르면, 이 요리의 정확한 기원은 명확하지 않습니다. 다만 19세기 초부터 오늘날 우리가 알고 있는 형태의 피초케리가 부유한 농부들의 식탁에 오르기 시작한 것으로 전해집니다.

1834년, 주세페는 손드리오 지방에서 식물 탐사를 진행하며 메밀(Fagopiro)을 분류했고, 자신의 저서에 다음과 같이 기록했습니다. "밀가루와 비슷한 것으로 뇨키나 탈리아텔레 같은 여러 음식을 만드는데, 이들 모두를 피초케리라 부른다."

이후 등장하는 문헌 기록과 피초케리를 묘사한 시들을 통해, 이 파스타가 텔리오에서 시작되었음을 더욱 분명히 확인할 수 있습니다. 발텔리나의 자연환경과 메밀이라는 재료가 만들어낸 피초케리는 과거에는 부유한 농부의 점심 초대나 가정에서 작은 연회를 열 때 손님에게 내는 별미 음식이었으며, 이러한 전통은 오늘날까지 이어지고 있습니다.

Tagliolini all uovo coreani
in **infuso** di **omija**

오미자 난면

오미자 난면은 서구의 에그 누들, 즉 파스타 프레스카에 비해 다소 늦은 시기에 기록으로 남은 우리의 국수입니다. 주로 궁중요리나 반가 음식으로 전해지지만, 서양의 면 요리에 비해 기록이 단편적이고 해석이 쉽지 않은 특징을 지닙니다.

이 국수는 과거의 조리법을 그대로 재현했다기보다, 현재의 기술과 축적된 레시피를 바탕으로 미래의 맛을 상상하며 구성한 난면입니다. 여름이 되면 서교난면방에서 계절 메뉴로 선보이며, 서구의 생면 파스타보다 구성은 단순하지만 한층 섬세한 결을 지닌 음식으로 표현했습니다.

맛의 구성에는 의도적인 여백이 남아 있습니다. 이는 재료의 본질과 음식에 담긴 생각을 스스로 느끼고 공유하기 위한 장치로, 우리의 음식이 지닌 미감과 철학을 함께 전하고자 합니다.

ingredients (2인 분량)

우리밀 난면	300g
오미자 냉침액	
국산 건오미자	50g
정숫물	1L
소금	8g
설탕	2g
오이 절임	
백오이	1/2개
꽃소금	50g
막걸리 식초	20g
설탕	20g
진간장	5g
배	1/4개

오미자 냉침액

오이 절임

1

2

3

4

6

7

HOW TO MAKE

오미자 냉침액

건오미자는 흐르는 물에 세 번 씻은 뒤 물기를 잘 털어낸 후, 정숫물 1L에 담아
냉장고에서 24시간 냉침합니다. 냉침한 오미자 물에 소금과 설탕을 넣어
기호에 맞게 간을 맞춘 뒤, 다시 냉장 보관해 충분히 차갑게 둡니다.

오이 절임

1. 백오이는 꼭지 쪽의 푸른 부분만 필러로 얇게 벗깁니다.

2. 반으로 가른 뒤 반달 모양으로 어슷하게 1mm 두께로 썹니다.

3. 백오이에 꽃소금을 뿌려 1시간 동안 절입니다.

● 절이는 동안 **틈틈이** 뒤집어 고루 절여지도록 합니다.

4. 절인 오이는 흐르는 물에 두세 번 씻은 뒤, 정숫물에 담가 소금기를
    뺍니다.

5. 소금기가 빠지면 오이를 건져 손으로 물기를 꼭 짜고, 면보에 싸서
    돌이나 무거운 물건으로 눌러 하루 동안 둡니다.

● 진공 포장기가 있다면 진공 포장해 냉장고에서 하루 동안 보관해도 됩니다.

6. 진공 포장을 해 두면 오이에서 추가로 수분이 빠져나오므로, 사용할
    때는 면보로 한 번 더 꼭 짠 뒤 양념합니다.

7. 준비된 오이에 막걸리 식초, 설탕, 진간장을 넣고 고루 버무린 뒤, 손으로
    눌러 간이 충분히 배도록 합니다.

● 진공 포장한 경우에는 다시 한 번 물기를 꼭 짜낸 후 양념합니다.

조리

HOW TO MAKE

조리

1. 우리밀 난면을 0.5% 농도의 소금물에 넣고 약 5분간 삶은 후, 찬물에 헹궈 충분히 식힙니다.

● 여기에서는 달걀 생면 반죽(42p)의 배합에서 강력분과 중력분을 우리밀 백밀가루 (네니아)로 대체해 만든 생면을 스파게티 커터로 제면(72p)해 사용했습니다.

2. 난면이 식으면 손으로 물기를 꼭 짜 그릇에 담습니다.

3. 껍질을 벗겨 반달 모양으로 썬 배를 올립니다.

4. 배 위에 절인 오이를 올립니다.

5. 차갑게 준비한 오미자 냉침액을 부어 마무리합니다.

*Tagliolini all uovo coreani
in infuso di omija*

'난면방'은 달걀과 밀가루로 반죽한 면을 제면하는 방법을 뜻하며, 우리나라에서 난면에 관한 최초의 기록은 15세기 중반의 『산가요록』에서 확인할 수 있으며, 이후 『음식디미방』(1670년 무렵), 『규합총서』(1809년), 『정조지』(1827년 무렵), 『시의전서』(19세기 말) 등 여러 고조리서에 난면 조리법이 이어서 등장합니다.

그중 18세기 후반 연안 이씨 가문에 전해 내려온 고조리서 『주식시의(酒食是儀)』에는 다음과 같은 기록이 남아 있습니다.

밀가루를 깁체로 두세 번 쳐서 달걀 흰자는 쓰지 않고 노른자만으로 반죽하여 오래오래 쳐서 백짓장같이 얇게 밀어 가늘게 썬다. 꾸미를 맛있게 끓여 표고버섯과 석이버섯을 채 썰어 갖은 양념으로 잠깐 볶아 위에 가득 뿌려 먹기도 하며, 혹은 오미자국에 말아 먹기도 한다.

또한 1854년에 기록된 『윤씨음식법』에는 다음과 같이 적혀 있습니다.

곱게 가루 낸 햇밀가루에 물은 넣지 말고 달걀 노른자로만 반죽한 다음 얇게 밀어 가늘게 썰어 면을 만든다. 국으로는 오미자국이나 깨국을 쓰되 고명을 많이 넣는 것이 좋다. 장국에는 생선지짐과 표고, 송이, 오이를 가늘게 채 썰어 올리고, 달걀을 부쳐 채 썬 것을 뿌린 뒤 후추와 통잣을 넣으면 맛이 좋다. 깨국은 닭 백숙 국물에 깨를 갈아 걸러 만든다.

이와 같은 여러 기록에서 착안해, 책에서는 이를 현대적으로 재해석한 서교난면방 스타일의 오미자 난면을 소개했습니다. 이 메뉴는 2024년 여름, 마르쉐의 '햇밀장'을 통해 처음 선보였으며, 이후 여름철이면 서교난면방의 별미 메뉴로 꾸준히 이어지고 있습니다.

EPILOGUE

면의 설계와 온고지신: 늦깎이 요리사의 제면 기록

"설계도를 내려놓고 생면에 매료되다"

요리사로서의 출발은 비교적 늦은 서른 무렵이었습니다. 실내건축을 전공하고 현장에서 실무를 이어 가던 중, 요리라는 또 다른 설계의 세계에 이끌려 이탈리아 요리 교육 기관인 ICIF(Italian Culinary Institute for Foreigners)로 향했습니다. 그곳에서 생면 파스타가 지닌 구조와 질감, 그리고 기술적 완성도에 깊이 매료되었습니다. 귀국 이후에도 관심은 오로지 생면의 기술적 구현에 머물러 있었습니다.

세르지오 오또베로 셰프로부터 이탈리아 정통 생면 기술을 전수받았으나, 저는 그 기술을 한국의 환경과 식재료 안에서 어떻게 구현할 것인가를 끊임없이 고민했습니다. 특히 우리밀을 활용한 제면에 집중하며, 건축에서 구조를 계산하듯 밀가루와 달걀, 수분의 비율을 집요하게 탐구했습니다. 이 시기의 저는 정통의 기반 위에서 저만의 제면 공식을 구축하고자 몰두한 기술자에 가까웠습니다.

이와 함께, 조희숙 교수님께 한식을 배우는 과정에서 한국전래음식연구회 활동을 시작했고, 이말순 선생님께 반가 음식을 배우는 기회를 얻었습니다. 양식 요리사로서의 정체성과 더불어, 한국 사람으로서 우리 음식의 뿌리를 이해해야 한다는 자각에서 비롯된 선택이었습니다.

"카밀로에서 서교난면방까지, 팜 투 테이블로"

첫 번째 가게인 카밀로 라자네리아를 운영하며 제면에 대한 저의 철학은 농부와 식재료라는 본질로 확장되었습니다. 마르쉐 활동을 통해 농부님들과 관계를 맺으며, 지역 농산물의 올바른 소비가 요리의 완성도를 결정짓는 중요한 요소임을 체감하게 되었습니다.

이후 한국전래음식연구회 활동 중 접한 고문헌 속 난면에서 영감을 받아, 전통 국수인 난면을 현대적으로 해석한 서교난면방을 선보였습니다. 이탈리아에서 배운 제면 기술에 우리밀과 우리 식재료를 결합한 이 시도는, 감사하게도 미쉐린 가이드 서울 & 부산 2025-2026 빕 구르망 선정으로 이어졌습니다.

지금의 저는 생산자와 소비자를 잇는 팜 투 테이블의 가치를 접시 위에 구현하는 데 집중하고 있습니다. 더불어 인근 빅보스농장에서 공급받는 다양한 지역 식재료를 바탕으로, 음식의 깊이와 맥락을 확장해 나아가려고 노력하고 있습니다.

"지속 가능한 미식의 생태계를 설계하다"

저와 더불어 동료 요리사들이 바라보는 미래는 개인의 성취를 넘어 미식 산업의 지속 가능성에 닿아 있습니다. 지역 농산물의 건강한 생산과 소비가 선순환되는 구조를 만드는 일은 장기적인 과제입니다. 건축 디자인을 전공하다 늦게 요리를 시작하며 겪었던 시행착오와, 그 과정에서 축적한 제면 데이터를 체계화해 공유하고자 하는 바람도 가지고 있습니다.

제가 그리는 미래는 우리밀과 지역 식재료를 활용한 제면 문화가 하나의 단단한 시스템으로 정착하는 모습입니다. 한 세대의 장인 정신에만 의존하는 것이 아니라, 생산자와 요리사가 함께 상생할 수 있는 미식의 토대를 설계해 나가고자 합니다. 저에게 미래의 미식이란, 과거의 지혜를 바탕으로 현대의 기술을 더해 빚어낸 지속 가능한 문화적 유산입니다.

카밀로 라자네리아

"한 그릇에 담긴 이탈리아 가정식의 완성된 한 끼를 지향합니다."

카밀로 라자네리아는 '셰프 카밀로가 만드는 라자냐 가게'라는 뜻을 담고 있습니다. 라자냐를 주인공으로 삼고 있지만, 그 본질은 생면 파스타를 제대로 구현하는 데에 있습니다. 이탈리아 요리 교육 기관인 ICIF(Italian Culinary Institute for Foreigners) 유학 시절 매료되었던 생면의 기술적 완성도를 라자냐라는 형식으로 풀어낸 공간입니다.

2017년 문을 연 이후 '한국의 라자냐 전문점'이라는 장르를 대중화한 곳', '한국에서 라자냐의 기준점이 되는 곳'이라는 평가를 받으며, 기본기를 다지고 이를 전파하는 데 꾸준히 힘써 왔습니다.

공간은 조리 과정을 바로 앞에서 지켜볼 수 있는 바 형태로 구성해 손님과의 거리를 최대한 좁혔습니다. 모든 단품 메뉴는 샐러드, 라구 소스를 곁들인 레몬밥, 디저트까지 포함해 하나의 완결된 식사가 되도록 구성합니다. 이는 이탈리아 요리를 한국의 식사 문법에 맞게 재해석한 시도로, 한 끼 식사에서 오는 심리적 만족감을 중요하게 생각한 결과입니다.

현재는 한 상 차림이 아닌, 편안하게 나누어 먹을 수 있는 방식으로 제공하고 있으나 구성의 본질은 변하지 않았습니다. 앞으로도 시그니처 라자냐 두 종과 시그니처 생면 파스타 한 종을 중심으로, 계절에 따라 변화하는 생면 파스타 메뉴를 통해 기술적 기본기가 탄탄한 이탈리아 생면 파스타를 소개하고 있습니다.

주소.　　　서울 마포구 동교로12길 41-13 1층
인스타그램.　@camillo_lasagneria_italiana

* 현재 2호점만 운영 중입니다.

서교난면방

" 과거에서 얻은 영감을 현재의 제면 기술로 풀어내
  미래의 맛을 그려냅니다."

서교난면방은 맛있는 우리밀 난면 한 그릇을 위해 우리밀과 전통에 집중해 온 결과물입니다. 한국전래음식연구회 활동 중 조선시대 문헌에 기록된 난면에서 영감을 받아 난면에 대한 연구를 이어왔으며, 이는 우리밀의 지속 가능성을 고민해 온 마르쉐 활동의 연장선으로 이어졌습니다. 이러한 흐름 속에서 우리밀 전문점 서교난면방을 열게 되었습니다.

영광스럽게도 2024년 5월 개점 이후 9개월 만인 2025년 2월, 미쉐린 빕 구르망에 선정되며 그 가치를 인정받았습니다.

서교난면방은 직관적인 맛과 재료의 본질, 그리고 면이 지닌 본질에 한층 더 가까이 다가가는 국숫집을 지향합니다. 자극적이지 않으면서도 깊은 풍미를 지닌 우리밀 난면 한 그릇을 위해 매일의 작업을 이어 가고 있으며, 전통과 기술이 조화된 한 그릇으로 꾸준히 나아가고자 합니다.

주소.   서울 마포구 동교로12길 16 1층
인스타그램.   @seokyonanmyunbang

트래블 케이크 바이 가루하루
윤은영 지음 | 368p | 48,000원

보틀 디저트
장은영 지음 | 200p | 28,000원

어니스트 브레드
윤연중 지음 | 360p | 32,000원

레꼴케이쿠 쿠키 북/ 플랑 & 파이 북/ 컵케이크 & 머핀 북
김다은 지음 | 216p, 264p, 248p | 24,000원, 26,000원, 25,000원

슈라즈 롤케이크 & 쇼트케이크
박지현 지음 | 328p | 28,000원

플레이팅 디저트
이은지 지음 | 192p | 32,000원

조이스키친 쇼트케이크
조은이 지음 | 368p | 38,000원

페이스트리 테이블
박성채 지음 | 256p | 32,000원

효창동 우스블랑
김영수 지음 | 176p | 26,000원

파티스리: 더 베이직
김동석 지음 | 352p | 42,000원

나만의 디저트 레시피를 구상하는 방법
김동석 지음 | 656p | 59,000원

식탁 위의 작은 순간들
박준우 지음 | 320p | 38,000원

집에서 운영하는 작은 빵집
김진호 지음 | 296p | 33,000원

젤라또, 소르베또, 그라니따, 콜드 디저트
유시연 지음 | 264p | 38,000원

포카치아
홍상기 지음 | 304p | 42,000원

오늘의 소금빵
부인환 지음 | 136p | 22,000원

테디뵈르하우스 비엔누아즈리 북
김동윤 지음 | 208p | 36,000원

쌤쌤쌤 쿡 북
김훈, 이민직 지음 | 152p | 28,000원

더 스위트 시즌
어윤형 지음 | 332p | 38,000원

더 에센셜
고아라 지음 | 208p | 28,000원

STRAWBERRY
고아라 지음 | 168p | 28,000원

더 비건 팬트리
성시우 지음 | 176p | 29,000원

플레이트 바이 플레이트
박준우 외 29명 저 | 480p | 55,000원

더 넥스트 디저트
강경원 외 31명 저 | 512p | 55,000원

All day Everyday with Vitamix
바이타믹스와 함께 매일을 채우는 건강한 레시피 75
양지안, 장우석 지음 | 200p | 44,000원

빵의 노화를 늦추는 다양한 테크닉과 레시피
홍상기 지음 | 304p | 44,000원

셰프 안토니오의 진짜 나폴리 화덕 피자
안토니오 심 지음 | 288p | 33,000원

안녕느린토끼 홈메이드 피자 클래스
고윤희 지음 | 160p | 27,000원

더 시그니처
: 한계를 뛰어넘는 파티스리 테크닉
김동석 지음 | 280p | 52,000원